高等职业教育"十四五"系列教材

工业机器人夹具设计与应用

主　编　丁锦宏
副主编　张　慧　马文静

南京大学出版社

内容简介

本教材根据智能制造产业岗位技能需求,以典型工业机器人夹具设计为案例,由校企合作进行编写。通过项目实施,完成知识学习与技能训练。根据高职教育特点,逐步提高实践技能水平,扩展理论知识的深度和广度,锻炼岗位职业素养。

本教材包括基础篇和应用篇2个部分,共有12个项目。其中,基础篇包括送料装置气动控制回路设计、气动手指电气控制电路设计、连杆钻夹具设计、工业机器人夹具快换装置原理分析等4个项目。应用篇包括圆柱体工件气动三爪手指快换夹具设计、鼠标气动快换夹具设计、玻璃板真空吸盘快换夹具设计、纸箱海绵吸盘快换夹具设计、钢块电磁吸盘快换夹具设计、气动打磨机快换夹具设计、气动风磨笔快换夹具设计和机器人夹具实训台气动控制原理图识读等8个项目。

图书在版编目(CIP)数据

工业机器人夹具设计与应用 / 丁锦宏主编. −− 南京 :
南京大学出版社,2024.8. −− ISBN 978 − 7 − 305 − 28147 − 1
　　Ⅰ. TP242.2
中国国家版本馆 CIP 数据核字第 2024FE7608 号

出版发行　南京大学出版社
社　　址　南京市汉口路 22 号　　　　邮　编　210093
书　　名　**工业机器人夹具设计与应用**
　　　　　GONGYE JIQIREN JIAJU SHEJI YU YINGYONG
主　　编　丁锦宏
责任编辑　吕家慧　　　　　　编辑热线　025 − 83597482
照　　排　南京开卷文化传媒有限公司
印　　刷　盐城市华光印刷厂
开　　本　787 mm×1092 mm　1/16　印张 11.75　字数 300 千
版　　次　2024 年 8 月第 1 版　2024 年 8 月第 1 次印刷
ISBN　978 − 7 − 305 − 28147 − 1
定　　价　39.00 元

网　　址:http://www.njupco.com
官方微博:http://weibo.com/njupco
微信服务号:njuyuexue
销售咨询热线:(025)83594756

前　言

近年来,我国机器人产业得到了飞速发展,尤其是工业机器人的广泛应用,推动了社会对工业机器人技术应用人才的需求增长。本教材根据高等职业教育人才培养的要求而编写。

本教材落实立德树人的根本任务,秉承教书立人的教学理念,以学生为主体、以项目为主线,按照项目教学的特点组织教材内容,将知识学习与专业能力培养和职业素养、课程思政元素进行融合。遵循学生的认知规律,由浅入深、由易到难、循序渐进。

本教材由基础篇和应用篇2个部分组成。其中,基础篇包含气动控制、气缸的电气控制和夹具基础等内容。应用篇包括气压式、吸附式、电动式、专用工具式等4个类别的工业机器人夹具设计。全书由12个项目组成,其中,基础篇有4个项目,应用篇有8个项目。

本教材具有以下特点:

1. 按照项目化的教学模式编排

教材以项目为载体,充分适应"教、学、做"一体化的项目化教学特点。

2. 校企合作开发教材

教材编写工作由我校与东莞市力博特智能装备有限公司合作进行。

3. 实用性强

本教材在基础篇中,设置了气动控制技术、电气控制技术、夹具设计基础等工业机器人夹具设计的前导知识,使没有学习过上述相关课程的学生也可方便地使用本教材,增强了教材的实用性。

本教材可作为高职院校工业机器人、机电一体化技术、智能制造、机械设计与制造等专业的教材。同时,也可供从事工业机器人工作的人员参考。

本教材由江苏工程职业技术学院进行编写。江苏工程职业技术学院丁锦宏任主编,江苏工程职业技术学院张慧、马文静任副主编。具体编写分工如下:张慧编写了项目1、项目3、项目4;马文静编写了项目2、项目5、项目12,丁锦宏编写了项目6、项目7、项目8、项目9、项目10、项目11。全书由丁锦宏负责统稿和定稿。

东莞市力博特智能装备有限公司成立了本教材编写的企业团队,成员由贾方、曹云松、吴辉强、曾龙江等人员组成。贾方带领的企业团队进行了夹具三维设计、研发了工业机器人夹具设计与应用的教学实训装置,可配合相关课程的教学实施。

由于编者水平有限,本教材中存在的不足之处,恳请读者批评指正,以便修订时改进。

编　者
2024 年 4 月

目　录

基础篇

应用篇

基础篇

项目1 送料装置气动控制回路设计

 **学习目标**

知识目标：

(1) 能识别常用的气动元件。

(2) 能分析气缸的气动控制回路。

(3) 能设计气缸的气动控制回路。

能力目标：

(1) 能查阅资料，选取气动元件。

(2) 能进行气动回路的识读。

(3) 能进行气动回路的绘制。

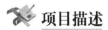 **项目描述**

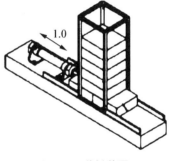

如图1.1所示为机械加工设备中常见的送料装置，通过气缸将物料送到待加工位置。按下启动按钮，气缸活塞杆向前运动送料；当松开按钮时，活塞杆自动缩回，等待下一次送料。要求选择合适的气动元件，设计气动控制回路。

图1.1　送料装置

工作任务

(1) 选择气动元件。

(2) 设计气动控制回路。

项目引导

【微信扫码】
项目引导

(1) 气压系统组成部分的作用与举例。

① 气源系统：_____

_____。

② 执行元件：_____

_____。

③ 控制元件：_____

_____。

④ 辅助元件:＿＿＿＿＿＿＿＿＿＿＿＿＿＿＿＿＿＿＿＿＿＿＿＿＿＿＿＿＿＿＿

＿＿＿＿＿＿＿＿＿＿＿＿＿＿＿＿＿＿＿＿＿＿＿＿＿＿＿＿＿＿＿＿＿＿＿。

（2）将单作用气缸和双作用气缸的结构示意图和工作原理填入下表。

气缸类型	结构示意图	工作原理
单作用气缸		
双作用气缸		

（3）将下列控制阀的作用与图形符号填入下表。

名称	作用	图形符号
减压阀		
安全阀		
节流阀		

（4）将下列方向控制阀的图形符号与工作原理填入下表。

名称	图形符号	工作原理
二位三通阀		
二位五通阀		
单向阀		

知识学习

1.1 气压传动技术介绍

气动(pneumatic)是"气动技术"或"气压传动与控制"的简称。气动技术就是以压缩空气为工作介质来传递动力和控制信号,控制和驱动各种机械和设备,以实现生产过程机械化、自动化的专门技术,是一种低成本的自动化控制系统。

目前,伴随传感技术、通信技术和 PLC 技术的迅速发展,气动技术也在不断创新,在加工制造业领域获得了广泛的应用。如汽车制造业、生产自动化、机械设备、电子半导体、家电制造行业、包装自动化等各行各业。

1. 气动技术应用

结合典型的气动应用实例,说明气动技术的应用。

【案例 1】汽车制造行业

现代汽车制造生产线很多工序都采用气动技术。焊接生产线上,焊接枪的快速接近、减速和着陆后的焊点需要各类气动控制系统;冲压生产线上,各种尺寸的车顶、底盘、车门等钢板零件需要自动冲压机的技术;喷漆生产线上底漆的喷涂、面漆的喷涂等各种工序也需要各种功能的气动执行元件。应用场景如图 1.2 所示。

【案例 2】电子产品制造业

各种电子产品的装配流水线上,随处可见各种大小不一、形状不同的气缸、气爪和真空吸盘。晶片的搬运可以通过洁净型无杆气缸运送到指定位置;人工很难抓取的显像管可以通过真空吸盘抓取运输;纸箱等物品的运输、产品的包装都可以节约人力。

【案例 3】机械设备行业

机械加工生产线上零件的加工和组装,如工件的搬运、转位、定位、夹紧、进给、装卸、装配、清洗、检测等工序需要各类气动元件;冷却、润滑液的控制需要耐水性强的气缸;抓起、夹持处于不同工作环境、具有不同形状的工件,需要不同品种规格的气爪和真空吸盘;食品机械中,还经常要使用耐水性强的不锈钢气缸和卫生级气缸。应用场景如图 1.3 所示。

图 1.2 汽车焊接生产线

图 1.3 机械设备

2. 气压传动技术的优缺点

与其他传动技术相比,气动技术有以下优点:

(1) 低成本自动化的最佳手段(与液压、电气自动化相比气动元件结构简单、紧凑、易于制造、使用维护简单)。

(2) 介质获取没有成本,不污染环境。

(3) 可集中供气(可压缩),能远距离输送(流动阻力小)。

(4) 可靠性高、使用寿命长。SMC 的一般电磁阀的寿命大于 3 000 万次。

(5) 广泛的工作适应性。与机械、液压、电气自动化相比,气压传动易于实现快速的直线往返运动,摆动和高速转动;输出力、运动速度的调节方便,改变运动方向简单;安装和控制(控制方式、控制距离、信号转换等)的自由度高;有过载保护能力(保护机械设备);恶劣环境下工作安全可靠(防火、防爆、耐潮等)。

同时,气动技术有以下缺点:

(1) 由于空气具有可压缩性,所以气缸的动作速度易受负载变化影响。

(2) 工作压力较低(0.4~0.8 MPa),因而气动系统输出力较小。

(3) 气动系统有较大的排气噪声。

(4) 工作介质空气本身没有润滑性,需另加装置进行给油润滑。

3. 气动系统的组成

气动系统的工作原理是利用空气压缩机将电动机或其他原动机输出的机械能转变成空气的压缩能,然后在控制元件的控制下和其他辅助元件的配合下,通过执行元件把空气的压缩能转换为机械能,从而完成直线或回转运动并对外做功。

典型的气压系统由气源装置、执行元件、控制元件和辅助元件四个部分组成,如图 1.4 所示。三联件为分水滤气器、油雾器、调压阀三个气动元件组成的联合体。

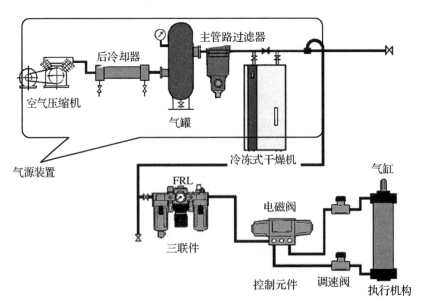

图 1.4　气动系统的组成示意图

（1）气源装置

气压发生装置简称气源装置，是获得压缩空气的能源装置，其主体部分是空气压缩机，另外还有气源净化设备。

空气压缩机将原动机供给的机械能转化为空气的压力能；而气源净化设备用以降低压缩空气的温度，除去压缩空气中的水分、油分以及污染杂质等。使用气动设备较多的厂矿常将气源装置集中在压气站（俗称空压站）内，由压气站再统一向备用气点、分厂、车间和用气设备等分配供应压缩空气。

（2）执行机构

执行元件是以压缩空气为工作介质，并将压缩空气的压力能转变为机械能的能量转换装置。包括作直线往复运动的气缸，作连续回转运动的气马达和作不连续回转运动的摆动气缸等。

（3）控制元件

控制元件又称操纵、运算、检测元件，是用来控制压缩空气流的压力、流量和流动方向等，以便使执行机构完成预定运动规律的元件。包括各种压力阀、方向阀、流量阀、逻辑元件、射流元件、行程阀、转换器和传感器等。

（4）辅助元件

辅助元件是使压缩空气净化、润滑、消声以及元件间连接所需的一些装置。包括分水滤气器、油雾器、消声器、调压阀以及各种管路附件等。

4. 气动系统中的常见物理量

（1）压力

压力是由于气体分子热运动而互相碰撞，在容器的单位面积上产生的力的统计平均值。在 ISO 标准中压力的单位为帕斯卡（Pa，$1\ Pa=1\ N/m^2$），由于这个单位非常小，为了阅读和表达方便，常用 0.1 MPa（1 bar）为压力单位，这个单位适合在工业中应用。

$1\ MPa=1\ 000\ kPa=10^6\ Pa$

$0.1\ MPa=100\ kPa=1\ bar$

在工程上有时也使用公制单位 kgf/m^2（千克力每平方米）、atm（标准大气压）等以满足实际需要。

绝对压力：相对于真空的压力。

表压力：高于大气压的压力。

真空度：低于大气压的压力。

标准大气压：$1\ atm=101\ 325\ Pa=760\ Torr$（托，为 1 mm 汞柱产生的压力）。

（2）流量

流量是指体积流量，即单位时间流过管道的体积，用字母 q 表示，常用单位有 m^3/s、L/min、m^3/h，m^3/s 是国际标准流量的计量单位。

（3）湿度

相对湿度是衡量空气潮湿程度的指标。气动系统要求压缩空气的相对湿度不能大于 90%。

（4）真空

真空是对压力低于正常环境大气压的一种描述。工业上的真空指当容器中的压力低于大气压力时,低于大气压力的部分叫真空,而容器内的压力叫绝对压力。增加容积或者降低压力都可以造成真空,产生真空的设备主要有真空泵和真空发生器。

1.2 常用气动元件

1. 气源系统

1) 气动系统对压缩空气品质的要求

气源系统给气动系统提供足够清洁干燥且具有一定压力和流量的压缩空气。由空气压缩机排出的压缩空气虽然可以满足气动系统工作时的压力和流量要求,但其温度高达170℃,且含有汽化的润滑油、水蒸气和灰尘等污染物,这些污染物将对气动系统造成下列不利影响。

(1) 混在压缩空气中的油蒸汽可能聚集在储气罐、管道、气动元件的容腔里形成易燃物,有爆炸危险。另外润滑油被汽化后形成一种有机酸,使气动元件、管道内表面腐蚀、生锈、影响其使用寿命。

(2) 压缩空气中含有的水分,在一定压力温度条件下会饱和而析出水滴,并聚集在管道内形成水膜,增加气流阻力。如遇低温或膨胀排气降温等,水滴会结冰而阻塞通道、节流小孔,或使管道附件等胀裂。游离的水滴形成冰粒后,冲击元件内表面而使元件遇到损坏。

(3) 混在空气中的灰尘等污染物沉积在系统内,与凝聚的油分、水分混合形成胶状物质,堵塞节流孔和气流通道,使气动信号不能正常传递,气动系统工作不稳定;同时还会使配合运动部件间产生研磨磨损,降低元件的使用寿命。

(4) 压缩空气温度过高会加速气动元件中各种密封件、膜片和软管材料等的老化且温差过大,元件材料会发生胀裂,降低系统使用寿命。

因此,由空气压缩机排出的压缩空气必须经过降温、除油、除水、除尘和干燥,使之品质达到一定要求后,才能使用。

2) 气源系统的组成

根据气动系统对压缩空气品质的要求来设置气源系统。一般气源系统的组成和布置如图1.5所示。

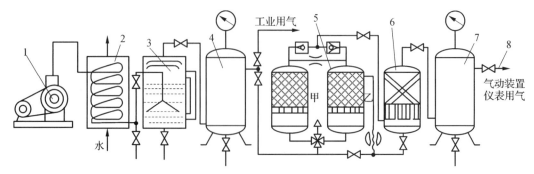

1—空压机;2—冷却器;3—油水分离器;4,7—储气罐;5—干燥器;6—过滤器;8—管道

图 1.5　气源系统的示意图

空气压缩机 1 产生一定压力和流量的压缩空气,其吸气口装有空气过滤器,以减少进入压缩空气内的污染杂质量;冷却器 2(又称后冷却器)用以将压缩空气温度从 140～170℃降至 40～50℃,使高温汽化的油分、水分凝结出来;油水分离器 3 使降温冷凝出的油滴、水滴杂质等从压缩空气中分离出来,并从排污口除去;储气罐 4 和 7 储存压缩空气以平衡空气压缩机流量和设备用气量,并稳定压缩空气压力,同时还可以除去压缩空气中的部分水分和油分;干燥器 5 进一步吸收排除压缩空气中的水分、油分等,使之变成干燥空气;过滤器 6(又称一次过滤器)进一步过滤除去压缩空气中的灰尘颗粒杂质。

储气罐 4 中的压缩空气即可用于一般要求的气动系统,储气罐 7 输出的压缩空气可用于要求较高的气动系统(如气动仪表、射流元件等组成的系统)。

(1)空气压缩机

空气压缩机简称空压机,是气源系统的核心,用以将原动机输出的机械能转化为气体的压力能。空压机有以下几种分类方法。

① 按工作原理分类

容积型:包括往复式、回转式。

速度型:包括轴流式、离心式、转子式。

② 按输出压力 p 分类

鼓风机:$p \leqslant 0.2$ MPa

低压空压机:0.2 MPa$＜p \leqslant 1$ MPa

中压空压机:1 MPa$＜p \leqslant 10$ MPa

高压空压机:10 MPa$＜p \leqslant 100$ MPa

超高压空压机:$p＞100$ MPa

③ 按输出流量(即铭牌流量或自由流量)q_z 分类

微型空压机:$q_z \leqslant 0.017$ m^3/s

小型空压机:0.017 m^3/s$＜q_z \leqslant 0.17$ m^3/s

中型空压机:0.17 m^3/s$＜q_z \leqslant 1.7$ m^3/s

大型空压机:$q_z＞1.7$ m^3/s

(2)油水分离器

油水分离器主要采用离心、撞击、水洗等方法使压缩空气中凝聚的水分、油分等杂质从压缩空气中分离出来,让压缩空气得到初步净化。其结构形式有环形回转式、撞击并折回式、离心旋转式、水浴式以及以上形式的组合使用等。

(3)储气罐

储气罐的作用:消除压力波动,保证输出气流的连续性;储存一定数量的压缩空气,调节用气量或以备发生故障和临时需要应急使用;进一步分离压缩空气中的水分和油分。其结构形式如图 1.6 所示。进气口在下,出气口在上,两者间的距离应尽可能大。储气罐上应设置安全阀、压力表、清洗孔、排污管阀等。

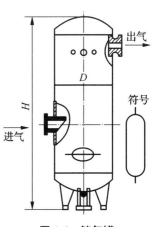

图 1.6 储气罐

储气罐属于压力容器,应遵守压力容器的有关规定,必须有产品耐压合格证书。

储气罐上必须安装安全阀(当储气罐内的压力超过允许限度,可将压缩空气排出)、压力表(显示储气罐内的压力)、压力开关(用储气罐内的压力来控制电动机,它被调节到一个最高压力,达到这个压力就停止电动机,也被调节另一个最低压力,储气罐内压力下降到这个压力就重新启动电动机)、单向阀(让压缩空气从压缩机进入气罐,当压缩机关闭时,阻止压缩空气反方向流动)、最低处应设有排水阀(排掉凝结在储气罐内的水)。

2. 执行元件

气动执行元件是将压缩空气的压力能转换为机械能的装置。

气动执行元件种类繁多,按照它的运动轨迹可以简单分为气缸、摆动气缸和气马达三种,其中最为常见、应用最多的是气缸。气缸用于直线往复运动,摆动气缸用于曲线运动,气马达用于实现连续回转运动。

1) 气缸

普通气缸是指在缸筒内只有一个活塞和一根活塞杆的气缸,主要由缸筒、活塞杆、活塞、导向套、前后缸盖及密封等元件组成,有单作用气缸和双作用气缸两种。

(1) 气缸结构

单作用气缸是指气缸在缸盖一端气口输入压缩空气使活塞杆伸出(或退回),而另一端靠弹簧、自重或其他外力等使活塞杆恢复到初始位置。单作用气缸只在动作方向需要压缩空气,故可节约一半压缩空气。主要用于夹紧、退料、阻挡、压入、举起和进给等操作。根据复位弹簧的位置,单作用气缸分为预缩型气缸和预伸型气缸。

当弹簧装在有杆腔内,由于弹簧的作用力使气缸活塞杆初始位置处于缩回的位置,这种气缸称为预缩型单作用气缸。当弹簧装在无杆腔内,气缸活塞杆初始位置处于伸出的位置,这种气缸称为预伸型气缸。

如图1.7所示为预缩型单作用气缸。当压缩空气从左接口进入气缸后,作用在活塞上产生向右的推力,当推力大于活塞右端的摩擦力和弹簧力时,气缸的活塞向右运动,活塞杆伸出;当左接口与大气接通时,活塞在弹簧力的作用下向左移动,活塞杆恢复到初始状态。

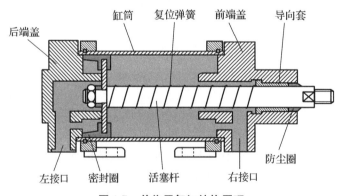

图1.7 单作用气缸结构原理

双作用气缸是指活塞的往复运动均由压缩空气来推动。

如图 1.8 所示为不带缓冲的双作用气缸结构原理图。如图 1.8(a)所示,当左进气口与大气相通,压缩空气从右进气口进入气缸,压缩空气作用在活塞面积和活塞面积差所形成的环形腔上产生向左的推力,当推力大于活塞的摩擦力时,活塞杆向左运动,活塞左腔的压缩空气排出,即活塞杆返回。如图 1.8(b)所示,当压缩空气从左进气口进入气缸,压缩空气作用在活塞上产生向右的推力,当推力大于活塞的摩擦力时,气缸的活塞向右运动,活塞杆伸出。

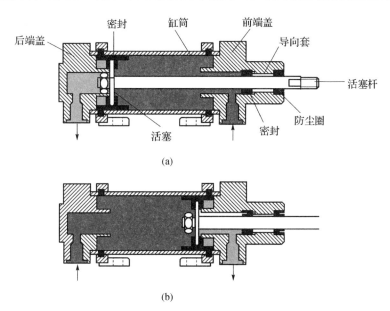

图 1.8　双作用气缸原理图

常见的单、双作用气缸的职能符号如表 1.1、表 1.2 所示。

表 1.1　常见单作用气缸职能符号

名称	活塞式		薄膜式	柱塞式
	弹簧压入式	弹簧压出式		
职能符号				

表 1.2　常见双作用气缸职能符号

名称		职能符号
不带缓冲的双作用气缸	单活塞杆气缸	
	双活塞杆气缸	

名称			职能符号
带缓冲的双作用气缸	不可调缓冲气缸	单向缓冲	
		双向缓冲	
	可调缓冲气缸	单向可调	
		双向可调	

（2）气缸参数

气缸的缸筒内径 D（简称缸径）、活塞杆直径 d 和活塞行程 L 是选择气缸的重要参数。缸径的大小标志着气缸理论推力的大小，活塞杆直径的大小标志着气缸活塞杆的强度好坏，行程长度标志着气缸的作用范围。

① 缸径 D

根据 GB/T 2348—2018《流体传统系统及元件　缸径及活塞杆直径》标准，常见的标准气缸的缸筒内径尺寸见表 1.3。

表 1.3　气缸缸径尺寸系列（mm）

8	10	12	16	20	25	32	40	50	63
100	(110)	125	(140)	160	(180)	200	(220)	250	320

注：括号内数非优先选用。

② 活塞行程 L

常见的标准气缸活塞行程系列尺寸见表 1.4。

表 1.4　活塞行程尺寸系列（mm）

25	50	80	100	125	160	200	250	320	400
500	630	800	1 000	1 250	1 600	2 000	2 500	3 200	4 000

③ 普通气缸的设计计算

A. 气缸的理论输出力

a. 普通双作用气缸的理论输出力

理论推力为

$$F_0 = \frac{\pi D^2 p}{4}$$

式中:D——缸径(m);

p——气缸的工作压力(Pa)。

理论拉力为

$$F_1 = \frac{\pi}{4}(D^2 - d^2)p$$

式中:d——活塞杆直径。

b. 普通单作用气缸(预缩型)理论输出力

理论推力为

$$F_0 = \frac{\pi D^2}{4}p - F_{t1}$$

理论拉力为

$$F_1 = F_{t2}$$

式中:D——缸径(m);

d——活塞杆直径(m);

p——工作压力(Pa);

F_{t1}——复位弹簧预压量及行程所产生的弹簧力(N);

F_{t2}——复位弹簧预紧力(N)。

c. 普通单作用气缸(预伸型)理论输出力

理论推力为

$$F_0 = F_{t2}$$

理论拉力为

$$F_1 = \frac{\pi(D^2 - d^2)}{4}p - F_{t1}$$

B. 气缸的负载率

气缸的负载率指气缸的实际负载力 F 与理论输出力 F_0 之比。

$$\eta = \frac{F}{F_0}$$

负载率也是选择气缸的重要因素。负载情况不同,作用在活塞轴上的实际负载力也不同。气缸的负载率与负载的运动状态有关,其选择按表 1.5 进行。

表 1.5　负载率与负载的运动状态

负载运动状态	静载荷	动载荷	
		气缸速度 50~500 mm/s	气缸速度>500 mm/s
负载率	$\eta \leqslant 0.7$	$\eta \leqslant 0.5$	$\eta \leqslant 0.3$

【例 1.1】用气缸水平推动台车,负载质量 $M = 150$ kg,台车与床面间摩擦系数 0.3,气缸行程 $L = 300$ mm,要求气缸的动作时间 $t = 0.8$ s,工作压力 $P = 0.5$ Mpa。试选定缸径。

解:轴向负载力为

$$F = \mu m g = 0.3 \times 150 \times 10 = 450(\text{N})$$

气缸的平均速度为

$$v = \frac{s}{t} = \frac{300}{0.8} = 375(\text{mm/s})$$

按表 1.5 选取负载率 $\eta = 0.5$。

理论输出力为

$$F_0 = \frac{F}{\eta} = \frac{450}{0.5} = 900(\text{N})$$

得双作用气缸缸径为

$$D = \sqrt{\frac{4F_0}{\pi p}} = \sqrt{\frac{4 \times 900}{\pi \times 0.5}} = 47.9(\text{mm})$$

故选取双作用气缸的缸径为 50 mm。

④ 普通气缸的型号

单作用气缸型号的表示方法如图 1.9 所示。

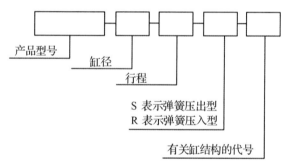

图 1.9 单作用气缸型号的表示方法

以 SMC 公司生产的型号为 CDJ2B - 12 - 50S - B 的气缸为例进行说明。CDJ2B 表示产品型号,即内置磁环型,带一个磁性开关的气缸;12 表示气缸的缸径为 12 mm,50 表示气缸行程为 50 mm;S 表示单作用气缸为弹簧压出型;B 表示 1 个脚架的连接形式。

双作用气缸型号的表示方法如图 1.10 所示。

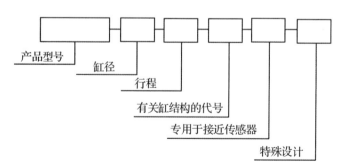

图 1.10 双作用气缸型号的表示方法

以 FESTO 公司生产的型号为 DGS‐32‐80‐PPV‐A 的气缸为例进行说明。DGS 表示活塞带磁环的双作用气缸;32 表示气缸的缸径为 32 mm;80 表示气缸行程为 80 mm;PPV 表示两端带可调式缓冲功能;A 表示在气缸上可按照接近开关。

2) 气爪

气爪有三点气爪、平行气爪、摆动气爪等几种类型,如图 1.11 所示。

图 1.11　气爪示意图

手爪在结构上,一般是在气缸活塞杆上连接一个传动机构,带动手爪作直线平移或绕某个支点开闭,实现张开与夹紧。

(1) 三点气爪

三点气爪能输出很大的抓取力,即可用于内抓取,也可以用于外抓取。该气爪具有自对中功能,因此重复精度特别高。该气爪可以通过适当的连接适配组件安装于执行元件上,在该气爪上还可装非接触式位置传感器。

(2) 平行气爪

气爪做对称的直线平移,每个手指不能单独移动。

(3) 摆动气爪

摆动气爪活塞杆上有一个环形槽,由于手指耳轴与环形槽相连,因而手指可同时移动且自动对中,并确保抓取力矩始终恒定。

3) 摆动气缸

摆动气缸是利用压缩空气驱动输出轴在一定角度范围内作往复回转运动的气动执行元件。用于物体的转位、翻转、分类、加紧、阀门的开闭以及机器人的手臂动作等。

SMC 的摆动气缸有齿轮齿条式和叶片式两大类。齿轮齿条式和叶片式摆动气缸的各自特点如表 1.6 所示。

表 1.6　摆动气缸特点

种类	体积	质量	改变摆动角的方法	设置缓冲装置	输出力矩	泄漏	摆动角度范围	最低使用压力	摆动速度	用于中途停止状态
齿轮齿条式	较大	较大	改变内部或外部挡块位置	容易	较大	很小	可较宽	较小	可以低速	可适当时间使用
叶片式	较小	较小	调节止动块的位置	内部设置困难	较小	有微漏	较窄	较大	不宜低速	不宜长时间使用

按照摆动气缸的结构特点可分为齿轮齿条式和叶片式两类。

齿轮齿条式摆动气缸有单齿条和双齿条两种。图1.12所示为单齿条式摆动气缸结构原理。齿轮齿条式摆动气缸通过一个可补偿磨损的齿轮齿条,将活塞直线运动转化为输出轴的回转运动。活塞仅作往复直线运动,摩擦损失小,齿轮的效率高。摆动马达的回转角度不受限制,但不宜太大,否则齿条太长也不合适。

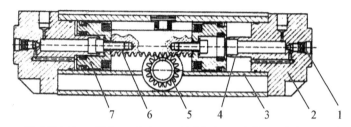

1—缓冲节流阀;2—端盖;3—缸体;4—缓冲柱塞;5—齿轮;6—齿条;7—活塞

图1.12 齿轮齿条式摆动气缸

摆动气缸的行程终点位置可调,且在终端可调缓冲装置,缓冲大小与气缸摆动的角度无关,在活塞上装有一个永久磁环,行程开关可固定在缸体的安装沟槽中。

4)真空吸盘

真空吸盘是直接吸吊物体的元件。吸盘通常是由橡胶材料与金属骨架压制成型的。橡胶材料如长时间在高温下工作,则使用寿命变短。硅橡胶的使用温度范围较宽,但在湿热条件下工作则性能变差。吸盘的橡胶出现脆裂,是橡胶老化的表现。除过度使用的原因外,多由于受热或日光照射所致,故吸盘易保管在冷暗的室内。

SMC不同的吸盘形状及其应用场合见表1.7。真空吸盘的安装方式有螺纹连接(包括内螺纹和外螺纹、无缓冲能力)、面板安装和用缓冲体连接。

表1.7 吸盘的形状及其应用场合

形状	适合吸吊物
平直型(U)	表面平整不变形的工件
平直带肋型(C)	易变形的工件
深凹型(D)	呈曲面形状的工件
风琴型(B)	没有安装缓冲空间、工件吸着倾斜的场合

1.3 控制元件

在气动系统中,控制元件是控制和调节压缩空气的压力、流量、流动方向和发送信号的重要元件,利用它们可以组成各种气动回路,使气动执行元件按设计要求正常工作。气动控制元件,按功能和用途可分为压力控制阀、流量控制阀和方向控制阀三大类。此外,还有通过改变气流方向和通断实现各种逻辑功能的气动逻辑元件。

1. 压力控制阀

气动系统不同于液压系统,一般每一个液压系统都自带液压源(液压泵)。而在气动系统中,一般由空气压缩机先将空气压缩,储存在储气罐内,然后经管路输送给各个气动装置使用。而储气罐的空气压力往往比各台设备实际所需要的压力高些,同时其压力波动值也较大。因此需要用减压阀(调压阀)将其压力减到每台装置所需的压力,并使减压后的压力稳定在所需压力值上。

压力控制阀主要用来控制系统中气体的压力,满足各种压力要求或用以节能。压力控制阀可分为三类:一是起降压稳压作用的减压阀、定值器;二是起限压安全保护作用的安全阀;三是根据气路压力不同进行某种控制的顺序阀等。

1) 减压阀

(1) 减压阀的工作原理

① 直动式减压阀

图 1.13(a)所示为 QTY 型直动式减压阀结构图。

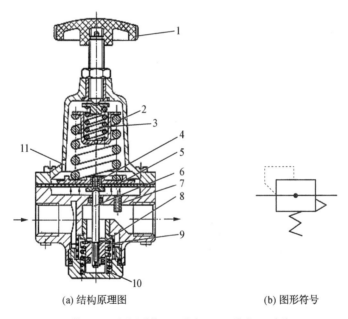

(a) 结构原理图   (b) 图形符号

1—手柄;2、3—调压弹簧;4—溢流口;5—膜片;6—阀杆;
7—阻尼孔;8—阀芯;9—阀座;10—复位弹簧;11—排气孔

图 1.13 QTY 型直动式减压阀

其工作原理:当阀处于工作状态时,调节手柄 1、压缩弹簧 2、3 及膜片 5,通过阀杆 6 使阀芯 8 下移,进气阀口被打开,有压气流从左端输入,经阀口节流减压后从右端输出。输出气流的一部分由阻尼管 7 进入膜片气室,在膜片 5 的下方产生一个向上的推力,这个推力总是企图把阀口开度关小,使其输出压力下降。当作用于膜片上的推力与弹簧力相平衡后,减压阀的输出压力便保持一定。

当输入压力发生波动时,如输入压力瞬时升高,输出压力也随之升高,作用于膜片 5 上的气体推力也随之增大,破坏了原来的力的平衡,使膜片 5 向上移动,有少量气体经溢流口

4、排气孔 11 排出。在膜片上移的同时,因复位弹簧 10 的作用,使输出压力下降,直到新的平衡为止。重新平衡后的输出压力又基本上恢复至原值。反之,输出压力瞬时下降,膜片下移,进气口开度增大,节流作用减小,输出压力又基本上回升至原值。

调节手柄 1 使弹簧 2、3 恢复自由状态,输出压力降至零,阀芯 8 在复位弹簧 10 的作用下,关闭进气阀口,这样,减压阀便处于截止状态,无气流输出。

QTY 型直动式减压阀的调压范围为 0.05~0.63 MPa。为限制气体流过减压阀所造成的压力损失,规定气体通过阀内通道的流速在 15~25 m/s 范围内。

② 先导式减压阀

当减压阀的输出压力较高或通径较大时,用调压弹簧直接调压,则弹簧刚度必然过大,流量变化时,输出压力波动较大,阀的结构尺寸也将增大。为了克服这些缺点,可采用先导式减压阀。先导式减压阀的工作原理与直动式的基本相同。先导式减压阀所用的调压气体,是由小型的直动式减压阀供给的。若把小型直动式减压阀装在阀体内部,则称为内部先导式减压阀;若将小型直动式减压阀装在主阀体外部,则称为外部先导式减压阀。图 1.14(a)所示为内部先导式减压阀的结构图,与直动式减压阀相比,该阀增加了由喷嘴 2、挡板 3、固定节流孔 1 及气室 5 所组成的喷嘴挡板放大环节。当喷嘴与挡板之间的距离发生微小变化时,就会使气室 5 中的压力发生很明显的变化,从而引起膜片有较大的位移,去控制阀芯 7 的上下移动,使进气阀口 9 开大或关小、提高了对阀芯控制的灵敏度,即提高了稳压精度。

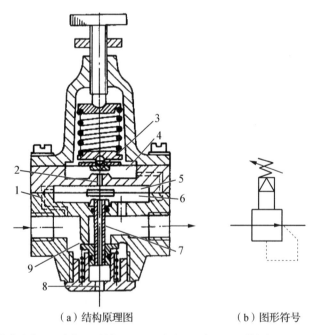

（a）结构原理图　　　　（b）图形符号

1—固定节流孔;2—喷嘴;3—挡板;4,5,6—气室;7—阀芯;8—排气阀口;9—进气阀口

图 1.14　先导型减压阀

（2）减压阀的基本性能

① 调压范围:它是指减压阀输出压力的可调范围,在此范围内要求达到规定的精度。调压范围主要与调压弹簧的刚度有关。

② 压力特性:它是指流量为定值时,因输入压力波动而引起输出压力波动的特性。输出压力波动越小,减压阀的特性越好。输出压力必须低于输入压力一定值才基本上不随输入压力变化而变化。

③ 流量特性:它是指输入压力一定时,输出压力随输出流量的变化而变化的特性。当流量发生变化时,输出压力的变化越小越好。一般输出压力越低,它随输出流量的变化波动就越小。

(3)减压阀的选用

根据使用要求选定减压阀的类型和调压精度,再根据所需最大输出流量选择其通径。决定阀的气源压力时,应使其大于最高输出压力0.1 MPa。减压阀一般安装在分水滤气器之后,油雾器或定值器之前,并注意不要将其进、出口接反。阀不用时应把旋钮放松,以免膜片经常受压变形而影响其性能。

2)顺序阀

顺序阀的作用是依靠气路中压力的大小来控制执行机构顺序动作。顺序阀常与单向阀并联结合成一体,称为单向顺序阀。

(1)单向顺序阀

图3.3所示为单向顺序阀,当压缩空气进入腔4后,作用在活塞3上的力小于弹簧2上的力时,阀处于关闭状态。当作用在活塞上的力大于弹簧力时,将活塞顶起,压缩空气从入口经腔4、腔5到输出口A[见图1.15(a)],然后进入气缸或气控换向阀。当切换气源时,由于腔4内压力迅速下降,顺序阀关闭,此时腔5内压力高于腔4内压力,在压差力作用下,打开单向阀,反向的压缩空气从4口到O口排出[见图1.15(b)]。单向顺序阀常用于控制气缸自动顺序动作或不便于安装机控阀的场合。图1.15(c)所示为单向顺序阀的图形符号。

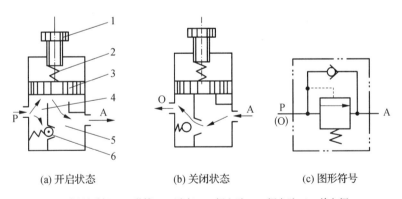

(a) 开启状态   (b) 关闭状态   (c) 图形符号

1—调压手柄;2—弹簧;3—活塞;4—阀左腔;5—阀右腔;6—单向阀

图1.15 单向顺序阀

(2)顺序阀的应用

图1.16所示为顺序阀控制两个气缸顺序动作的原理图。压缩空气先进入气缸1,待建立压力后,打开顺序阀4,压缩空气才进入气缸2使其动作。切断气源,气缸2返回的气体经单向阀3和排气孔O排出。

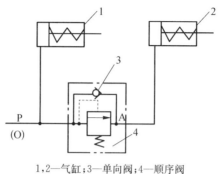

1,2—气缸;3—单向阀;4—顺序阀

图 1.16　顺序阀应用回路

3) 安全阀

安全阀在系统中起安全保护作用。当系统压力超过规定值时,安全阀打开,将系统中的一部分气体排入大气,使系统压力不超过允许值,从而保证系统不因压力过高而发生事故。安全阀又称溢流阀,图 1.17 所示为安全阀的几种典型结构形式。图 1.17(a)所示为活塞式安全阀,阀芯是一平板。气源压力作用在活塞 A 上,当压力超过由弹簧力确定的安全值时,活塞 A 被顶开,一部分压缩空气即从阀口排入大气;当气源压力低于安全值时,弹簧驱动活塞下移,关闭阀口。

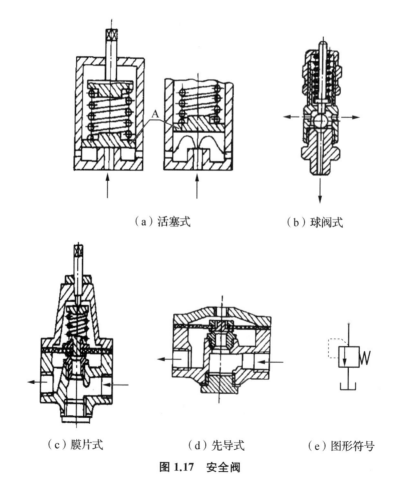

（a）活塞式　　　　　（b）球阀式

（c）膜片式　　　　（d）先导式　　　（e）图形符号

图 1.17　安全阀

图 1.17(b)和图 1.17(c)所示分别为球阀式和膜片式安全阀,工作原理与活塞式完全相同。这三种安全阀都是弹簧提供控制力,调节弹簧预紧力,即可改变安全值大小,故称之为直动式安全阀。

图 1.17(d)所示为先导式安全阀,以小型直动阀提供控制压力作用于膜片上,膜片上硬芯就是阀芯,压在阀座上。当气源压力大于安全压力时,阀芯开启,压缩空气从左侧输出孔排入大气。膜片式安全阀和先导式安全阀压力特性较好、动作灵敏,但最大开启力比较小,即流量特性较差。实际应用时,应根据实际需要选择安全阀的类型,并根据最大排气量选择其通径。

图 1.17(e)所示为安全阀的图形符号。

2. 流量控制阀

流量控制阀通过控制气体流量来控制气动执行元件的运动速度。而气体流量的控制是通过改变流量控制阀的流通面积实现的。常用的流量控制阀有节流阀、单向节流阀、排气节流阀和柔性节流阀等。

1）节流阀

图 1.18 所示为节流阀结构图。气流经 P 口输入,通过节流口的节流作用后经 A 口输出。节流口的流通面积与阀芯位移量之间有一定的函数关系,这个函数关系与阀芯节流部分的形状有关。常用的有针阀型、三角沟槽型和圆柱斜切型等,与液压节流阀阀芯节流部分的形状基本相同。

2）排气节流阀

排气节流阀和节流阀一样,也是靠调节流通面积来调节气体流量的。不同的是,排气节流阀安装在系统的排气口处。不仅能够控制执行元件的运动速度,而且因其常带消声器件,具有减少排气噪声的作用。所以常称其为排气消声节流阀。

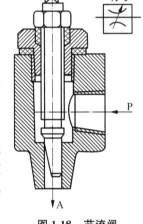

图 1.18　节流阀

图 1.19 所示为排气节流阀的结构图,调节旋钮 8,可改变阀芯 3 左端节流口(三角沟槽型)的开度,即改变由 A 口来的排气量大小。排气节流阀常安装在换向阀和执行元件的排气门处,起单向节流阀的作用。由于其结构简单,安装方便,能简化回路,所以其应用日益广泛。

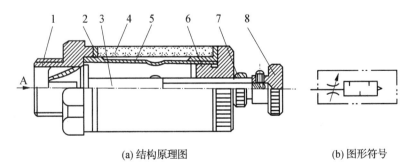

(a) 结构原理图　　　　　　　　　　(b) 图形符号

1—阀座;2—垫圈;3—阀芯;4—消声套;5—阀套;6—锁紧法兰;7—锁紧螺母;8—旋钮

图 1.19　带消声器的节流阀

3）选择与使用

流量控制阀选用应考虑以下几点：

（1）根据气动装置或气动执行元件的进、排气口通径来选择。

（2）根据流量调节范围及使用条件来使用。

（3）应用气动流量控制阀对气动执行元件进行调速，比用液压流量控制阀调速要困难、因气体具有压缩性。

所以用气动流量控制阀调速应注意以下几点，以防产生爬行。

（1）管道上不能有漏气现象。

（2）气缸、活塞间的润滑状态要好。

（3）流量控制阀应尽量安装在气缸或气马达附近。

（4）尽可能采用出口节流调速方式。

（5）外加负载应当稳定。若外负载变化较大，应借助液压或机械装置（如气液联动）来补偿由于载荷变动造成的速度变化。

3. 方向控制阀

气动方向控制阀是用来控制压缩空气的流动方向和气流通断的。

1）方向控制阀的分类

气动方向控制阀与液压换向阀类似，分类方法也大致相同。

（1）按阀芯结构分类

滑阀式、截止式（又称提动式）、平面式（又称滑块式）、旋塞式和膜片式等，其中以截止式和滑阀式应用较多。

（2）按控制方式分类

电磁控制式、气压控制式、机械控制式、人力控制式和时间控制式等。

（3）按作用特点分类

单向型和换向型。

（4）按阀的切换通口数目分类

阀的通口数目包括输入口、输出口和排气口。按切换通口的数目分为二通阀、三通阀、四通阀和五通阀等。

二通阀有两个口，即一个输入口（用 P 表示）和一个输出口（用 A 表示）。

三通阀有三个口，除 P 口、A 口外，增加一个排气口（用 R 或 O 表示）。三通阀既可以是两个输入口（用 P_1、P_2 表示）和一个输出口，作为选择阀（选择两个不同大小的压力值）；也可以是一个输入口和两个输出口，作为分配阀。

二通阀、三通阀有常通型和常断型之分。常通型是指阀的控制口未加控制信号（即零位）时，P 口和 A 口相通。反之，常断型阀在零位时，P 口和 A 口是断开的。

四通阀有四个口，除 P、A、R 外，还有一个输出口（用 B 表示），通路为 P→A、B→R 或 P→B、A→R。

五通阀有五个口，除 P、A、B 外，还有两个排气口（用 R、S 或 O_1、O_2 表示）。通路为 P→A、B→S 或 P→B、A→R。五通阀也可以变成选择式四通阀，即两个输入口（P_1 和 P_2）、两个输出口（A 和 B）和一个排气口 R。两个输入口供给压力不同的压缩空气。换向阀的通口数与图形符号见表1.8。

表 1.8　换向阀的通口数与图形符号

名称	二通阀		三通阀		四通阀	五通阀
	常断	常通	常断	常通		
图形符号						

（5）按阀芯工作的位置数分类

阀芯的切换工作位置简称"位"，阀芯有几个切换位置就称为几位阀。有两个通口的二位阀称为二位二通阀（常表示为 2/2 阀，前一位数表示通口数，后一位数表示工作位置数），它可以实现气路的通或断。有三个通口的二位阀，称为二位三通阀（常表示为 3/2 阀）。在不同的工作位置，可实现 P、A 相通或 A、R 相通。常用的还有二位五通阀（常表示为 5/2 阀），它可以用于推动双作用气缸的回路中。

阀芯具有三个工作位置的阀称为三位阀。当阀芯处于中间位置时，各通口呈关断状态，则称为中间封闭式；若输出口全部与排气口接通则称为中间卸压式；若输出口都与输入口接通称为中间加压式。若在中间卸压式阀的两个输出口都装上单向阀，则称为中位式止回阀。

换向阀处于不同工作位置时，各通口之间的通断状态是不同的。阀处于各切换位置时，各通口之间的通断状态分别表示在一个长方形的方块上，就构成了换向阀的图形符号。常见换向阀的名称和图形符号见表1.9。

表 1.9　常见换向阀的名称和图形符号

	二位	三位			
		中位封闭式	中位泄压式	中位加压式	中位止回式
二通					
三通					
四通					
五通					

（6）按阀的密封形式分类

硬质密封和软质密封。其中,软质密封因制造容易、泄漏少、对介质污染不敏感等优点,而在气动方向控制阀中被广泛采用。

2）单向型方向控制阀

单向型方向控制阀只允许气流沿着一个方向流动。它主要包括单向阀、梭阀、双压阀和快速排气阀等。

（1）单向阀

如图 1.20 所示,单向阀是气流只能一个方向流动而不能反向流动的方向控制阀。其工作原理与液压单向阀一样。压缩空气从 P 口进入,克服弹簧力和摩擦力使单向阀阀口开启,压缩空气从 P 流至 A。当 P 口无压缩空气时,在弹簧力和 A 口（腔）余气力作用下,阀口处于关闭状态,使从 A 至 P 气流不通。单向阀应用于不允许气流反向流动的场合,如空压机向气罐充气时,在空压机与气罐之间设置一单向阀,当空压机停止工作时,可防止气罐中的压缩空气回流到空压机。单向阀还常与节流阀、顺序阀等组合成单向节流阀、单向顺序阀使用。

（2）梭阀

如图 1.21 所示,梭阀相当于两个单向阀组合的阀,其作用相当于"或门"。其工作原理与液压梭阀相同。梭阀有两个进气口 P_1 和 P_2,一个出口 A,其中 P_1 和 P_2 都可与 A 口相通,但 P_1 和 P_2 不相通。P_1 和 P_2 中的任一个有信号输入,A 都有输出。若 P_1 和 P_2 都有信号输入,则先加入侧或信号压力高侧的气信号通过 A 输出,另一侧则被堵死,仅当 P_1 和 P_2 都无信号输入时,A 才无信号输出。梭阀在气动系统中应用较广,它可将控制信号有次序地输入控制执行元件,常见的手动与自动控制的并联回路中就用到梭阀。

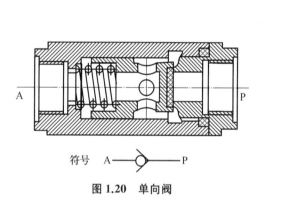

符号　A ─▷─ P

图 1.20　单向阀

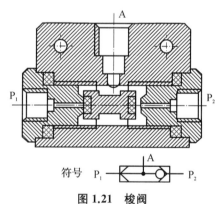

符号　P_1 ─▭─ P_2

图 1.21　梭阀

（3）双压阀

双压阀又称"与门"梭阀。在气动逻辑回路中,它的作用相当于"与门"作用。如图 1.22 所示,该阀有两个输入口 1 和一个输出口 2。若只有一个输入口有气信号,则输出口 2 没有气信号输出,只有当双压阀的两个输入口均有气信号,输出口 2 才有气信号输出。双压阀相当于两个输入元件串联。

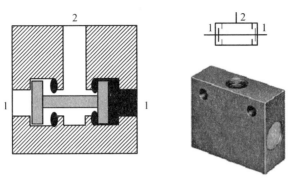

图 1.22　双压阀

（4）快速排气阀

如图 1.23 所示，它有三个阀口 P、A、T，P 接气源，A 接执行元件，T 通大气。当 P 有压缩空气输入时，推动阀芯右移，P 与 A 通，给执行元件供气；当 P 无压缩空气输入时，执行元件中的气体通过 A 使阀芯左移，堵住 P、A 通路，同时打开 A、T 通路，气体通过 T 快速排出。快速排气阀常装在换向阀和气缸之间，使气缸的排气不用通过换向阀而快速排出，从而加快了气缸往复运动速度，缩短了工作周期。

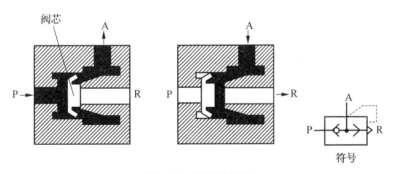

图 1.23　快速排气阀

1.4　辅助元件

1. 油雾器

气动系统中使用的油雾器是一种特殊的注油装置，如图 1.24 所示。油雾器可使润滑油雾化，并随气流进到需要润滑的部件，在那里气流撞壁，使润滑油附着在部件上，以达到润滑的目的。用这种方法注油，具有润滑均匀、稳定、耗油量少和不需要大的储油设备等特点。

2. 分水滤气器

分水滤气器指将压缩气体中的水汽、油滴及其他一些杂质从

图 1.24　快速排气阀

气体中分离出来,达到净化的作用的元件,又称为空气过滤器或气水分离器。用于压缩空气管路,一般安装在所有的启动元件前端,以确保气动控制元件及执行元件的用气清洁。

3. 气动三联件

气动系统中分水滤气器、减压阀和油雾器常组合在一起使用,俗称气动三联件。气动三联体对压缩气体进行干燥、压力调节和加油,很好地保护了气动执行元件。目前新结构的三联件插装在同一支架上,形成无管化连接,如图 1.25 所示,其结构紧凑,装拆及更换元件方便,应用普遍。

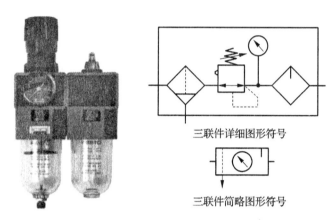

三联件详细图形符号

三联件简略图形符号

图 1.25 气动三联件的外形图及图形符号

4. 管道与管接头

1) 管道

气动系统中常用的有硬管和软管。硬管以钢管、紫铜管为主,常用于高温高压和固定不动的部件之间连接。软管有各种塑料管、尼龙管和橡胶管等,其特点是经济、拆装方便、密封性好,但应避免在高温、高压、有辐射场合使用。

2) 管接头

管接头是连接、固定管道所必需的辅件,分为硬管接头和软管接头两类。硬管接头有螺纹连接及薄壁管扩口式卡套连接。常用软管接头形式如图 1.26 所示。对于通径较大的气动设备、元件、管道等可采用法兰连接。

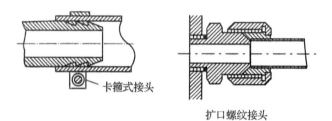

卡箍式接头

扩口螺纹接头

图 1.26 常用管接头

3) 消声器

气缸、气马达及气阀等排出的气体速度很高,气体体积急剧膨胀,引起气体振动,产生强烈的排气噪声,有时可达 100～120 dB。噪声是一种公害,影响人体健康,一般噪声高于 85 dB 就要设法降低。消声器就是通过阻尼或增加排气面积等方法降低排气速度和功率,达到降低噪声的目的。常用的消声器有吸收型、膨胀干涉型和膨胀干涉吸收型三种。

(1)吸收型消声器和膨胀干涉型消声器

吸收型消声器是依靠吸声材料来消声的。吸声材料有玻璃纤维、毛毡、泡沫塑料、烧结材料等,图 1.27 所示为常用的 QXS 型消声器,消声套由聚苯乙烯颗粒或钢珠烧结而成,气体通过消声套排出,气流受到阻力,声波被吸收一部分转化为热能,从而降低了噪声。此类消声器用于消除中、高频噪声,可降噪约 20 dB,在气动系统中应用最广。

膨胀干涉型消声器结构很简单,相当于一段比排气孔口径大的管件。当气流通过时,让气流在其内部扩散、膨胀、碰壁撞击、反射、相互干涉而消声。其特点是排气阻力小,消声效果好,但结构不紧凑。主要用于消除中、低频噪声,尤其是低频噪声。

(2)膨胀干涉吸收型消声器

此类消声器是上述两类消声器的组合,又称混合型消声器,如图 1.28 所示。气流由斜孔引入,在 A 室扩散、减速、碰壁撞击后反射到 B 室,气流束互相冲撞、干涉,进一步减速,再通过敷设在消声器内壁的吸声材料排向大气。此类消声器消声效果好,低频可消声约 20 dB,高频可消声约 45 dB。一般根据排气口通径选用相应型号的吸收型消声器就可以了,对消声效果要求较高的场合,可选用膨胀干涉型或膨胀干涉吸收型消声器。

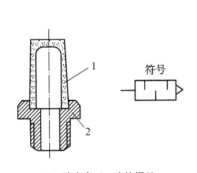

1—消声套;2—连接螺丝

图 1.27 QXS 型消声器图

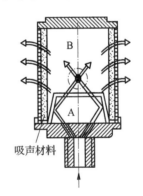

吸声材料

图 1.28 膨胀干涉吸收型消声器

【例 1.2】手动控制单作用气缸的伸出与缩回。

方案 1:对单作用气缸的直接控制

选用一个手动两位三通方向阀(按钮阀),对单作用气缸进行直接控制。气动控制回路如图 1.29 所示。

上述单作用气缸直接控制回路的工作原理:按下按钮,压缩空气从两位三通方向阀的 1 口流向 2 口,3 口遮断,进入气缸的左腔,气缸的活塞伸出。放开按钮,方向阀内弹簧复位,1 口被遮断,气缸内压缩空气由 2 口流向 3 口排放,气缸活塞杆在复位弹簧作用下立即缩回。

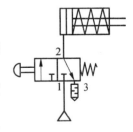

图 1.29 单作用气缸的直接控制

方案 2:对单作用气缸的间接控制

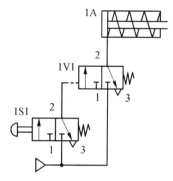

图1.30 单作用气缸的间接控制

选用一个手动两位三通方向阀和一个气动控制的两位三通方向阀,对单作用气缸进行间接控制。气动控制回路如图1.30所示。

对于控制大缸径、大行程的气缸运动时,可以使用大流量的气动控制阀作为主控阀,如图12-17中的1V1,手动控制阀1S1(又名按钮阀)仅为信号元件,用来控制主阀1V1切换,是小流量阀。

按下按钮阀1S1时,压缩空气从1S1的1口流向2口,3口遮断,控制主阀1V1的阀芯,使主阀的1口和2口相通,压缩空气进入气缸的左腔,气缸伸出。松开按钮,按钮阀内弹簧复位,1口被遮断,切断了主阀1V1的控制气压,主阀在弹簧的作用下,气缸内压缩空气由2口流向3口排放,气缸活塞杆在复位弹簧作用下立即缩回。

按钮阀可安装在距气缸较远的位置上。

职业素养

气动元件的种类较多,且同一类别的元件也有许多种,特别是方向阀。这可能会使部分学生感到很繁杂,需要同学们树立远大理想,努力学习。

气动课程的学习,从基本气动元件的认识,到气动回路的分析,再到气动回路的设计,需要一步一个脚印学好每个知识点,做好每一道题。在坚持不懈学习中成长,不断钻研,精益求精,从而练就过硬本领,学好本专业知识和技能,将来为经济社会发展服务,为"中国制造"增光添彩。

气动与液压技术的应用十分广泛,比如在工程机械、矿山机械、锻压机械、起重运输、各类生产线等设备中,气动与液压技术都起着极为重要的支撑作用。

大国工匠潘红波,以工匠之心,铸液压之魂。他怀揣着对液压行业的热爱,在企业从基层做起,稳扎稳打,带领技术团队突破一项又一项"卡脖子"技术,促进企业迈向高质量发展的新台阶。初到公司,潘红波便遇到了多路阀的研发生产难题。阀片间配合间隙小,因压力、温度以及螺栓拉杆力等造成的阀孔变形会导致阀芯卡滞,从而引起挖掘机工作异常。为减少各种外因导致的阀孔变形,他带领团队在生产工艺上进行大量试验,寻找规律,对比单片、串联珩磨等工艺的特点,提出了"避让变形"的工艺模式。经过一年多的时间,难题最终得以解决。清洁度是液压行业永恒的话题之一,清洁度做不好多路阀就会卡滞,从而带来挖掘机故障。潘红波便带领团队走访客户,拆解分析,记录问题,最终发现问题出在阀内流道清洗方面。潘红波在尝试多种方案后,最终采用了国际上流行的高压定点结合大流量冲洗,解决了清洁度问题。"我理解的工匠精神,是一种持之以恒、精益求精的态度,是就就业业从最底层、最基础的做起,不断创新、不断突破。"潘红波如是说。

【例1.3】 对单作用气缸的速度进行控制。

为了对气缸的伸出或缩回的速度进行控制,常常采用节流阀,串联在气动控制回路中,以调节进入气缸的气流量,以控制气缸速度。

方案1:对单作用气缸伸出速度进行控制

当高压空气经过单向节流阀进入气缸时,单向节流阀1V1右侧的单向阀关闭,调节节流阀,可以控制进入单作用气缸1A的气压流速,从而达到控制气缸伸出速度目的,如图1.31(a)所示。当气缸缩回时,单向节流阀的右侧的单向阀打开,气缸左腔的气压不经过节流阀,使气缸高速缩回。

方案 2：对单作用气缸缩回速度进行控制

当高压空气经过单向节流阀进入气缸时，单向节流阀的左侧的单向阀打开，气缸左腔的气压不经过节流阀，使气缸高速伸出。当气缸缩回时，单向节流阀 1V1 左侧的单向阀关闭，调节节流阀，可以控制从气缸 1A 流出的气压流速，从而达到控制气缸缩回速度目的，如图 1.31(b) 所示。当气缸缩回时，由于节流阀的作用，使气体排出时，气缸活塞存在着一定的背压，气缸缩回时比较平稳。

方案 3：对单作用气缸伸出、缩回速度均进行控制

如果单作用气缸伸出及缩回速度都需要控制，则可以同时采用两个节流阀控制，回路如图 1.31(c) 所示。活塞伸出时由节流阀 1V1 控制速度，活塞缩回时由节流阀 1V2 控制速度。

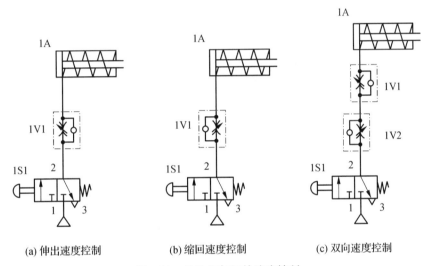

(a) 伸出速度控制　　　　(b) 缩回速度控制　　　　(c) 双向速度控制

图 1.31　单作用气缸的速度控制

【例 1.4】双作用气缸伸出、缩回控制回路。

由于双作用气缸有两个气口，所以，需要使用二位四通方向阀或者二位五通方向阀进行气缸的控制。

方案 1：采用两位四通按钮阀

采用二位四通阀控制双作用气缸的伸出、缩回的气动控制原理图如图 1.32(a) 所示。其工作原理：按下按钮阀，压缩空气从 1 口流向 4 口，同时 2 口流向 3 口排气，活塞杆伸出。松开按钮阀，阀内弹簧复位，压缩空气由 1 口流向 2 口，同时 4 口流向 3 口排放，气缸活塞杆缩回。

方案 2：采用两位五通按钮阀

采用二位五通阀控制双作用气缸的伸出、缩回的气动控制原理图如图 1.32(b) 所示。其工作原理：按下按钮阀，压缩空气从 1 口流向 4 口，同时 2 口流向 3 口排气，活塞杆伸出。松开按钮阀，阀内弹簧复位，压缩空气由 1 口流向 2 口，同时 4 口流向 5 口排放，气缸活塞杆缩回。

为了控制双作用气缸速度，可在气路中使用节流阀。如图 1.33 所示，使用了两个单向节流阀，控制双作用气缸活塞的伸出和缩回速度。

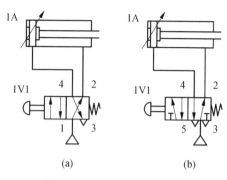

图 1.32　双作用气缸的控制

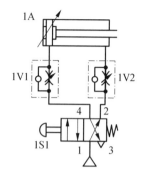

图 1.33　双作用气缸的速度控制

项目实施

项目 1 实施单

项目名称	送料装置气动控制回路设计	姓名	
小组成员		小组分工	
资料	教材、气动控制相关教材、网络资源、气动元件样本	工具	电脑、绘图软件（CAD、EPLAN、画图板等）
项目实施			
1. 写出组成气缸气动控制回路的气动元件类别			
2. 选择气动元件 (1) 执行元件:□单作用气缸　□双作用气缸 (2) 方向控制元件:□直接控制　□间接控制　□按钮阀　□_____阀 (3) 速度控制元件:□单向节流　□双向节流 (4) 气源处理元件:□调压　□水分离　□润滑油雾化			
3. 画出气动控制回路			

1. 气动元件选择

（1）执行元件:由题目要求可知,松开按钮活塞杆自动缩回,所以执行元件选择单作用气缸即可。

（2）控制元件

① 方向阀:由气缸推动的物料重量不大,且推动时,只需要克服滑动摩擦力,所以,所使用的气缸规格不很大。据此,选用按钮阀,设计气缸的直接控制气路。

② 速度控制元件:当气缸伸出、推动物料时,需要柔顺地与物料接触,不对物料产生冲击,故需要调节气缸的伸出速度,因而选用单向节流阀进行气缸伸出的速度控制。当气缸缩回时,气缸没有其他工作需要完成,所以缩回速度不需要控制。

（3）气源处理元件:选用气动三联件,进行高压空气的水过滤、油雾化和压力调节。

2. 画出气动控制回路图

单作用气缸直接控制的气动控制回路图如图 1.34 所示。图中 S1 为气动三联件，S2 为手动方向阀，V1 为单向节流阀，1A 为气缸。

气动三联件 S1 是将压缩空气中的水和固体颗粒分离出去，达到净化的作用。再将压缩空气调整到设备需要的压力。在洁净的压缩空气中加入雾化的润滑油。

初始状态时，手动方向阀 S2 在弹簧的作用下，其中的 1 口与 2 口不相通，2 口与 3 口相通，因而，压缩空气无法进入方向阀内，气缸 1A 的左腔经过单向节流阀 V1 和方向阀 S2 与大气相通，气缸活塞杆缩回。

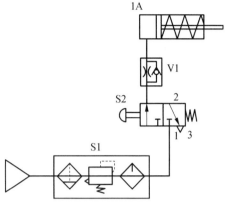

图 1.34 气缸控制原理图

当操作手动方向阀 S2 时，其中的 1 口与 2 口相通，2 口与 3 口不相通，此时，压缩空气从方向阀 S2 的 1 口进入、2 口流出，经过单向节流阀 V1 进入气缸 1A 的左腔，克服弹簧力，使气缸活塞杆伸出。

思考与练习

1. 气源装置由哪些元件组成？简述气源处理与控制的基本方法。

2. 气缸有哪几种基本类型？它们各自的适用场合是什么？

3. 气动控制元件有哪几种基本类型？它们各自的作用是什么？

4. 方向控制阀的作用是什么？单电控和双电控换向阀在应用上有什么区别之处？

5. 单杆双作用气缸内径 $D=125\,\mathrm{mm}$，活塞杆直径 $d=36\,\mathrm{mm}$，工作压力 $p=0.5\,\mathrm{MPa}$，气缸负载效率 $\eta=0.5$，气缸的拉力和推力各为多少？

6. 换向阀按结构可分为哪几种？分别简述其特点。

7. 试分析如图 1 所示的气动回路图。说明该系统的组成元件和功能。

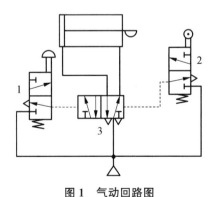

图 1 气动回路图

项目 2　气动手指电气控制电路设计

学习目标

知识目标:

(1) 能识别常用的电磁阀。

(2) 能使用电磁阀设计气缸的气动控制回路。

(3) 能使用常用电气元件设计气动电气控制电路。

能力目标:

(1) 能查阅资料,选取电磁阀。

(2) 能进行气动回路的电气控制。

(3) 能进行气动回路的 PLC 控制。

项目描述

用按钮控制气动手指的夹紧与放松,设计气动手指的控制电路。

工作任务

(1) 选择电磁阀。

(2) 设计气动手指夹紧与放松的气动控制回路。

(3) 设计气动手指夹紧与放松的控制电路。

项目引导

(1) 将常用的低压电气元件的电气符号与工作原理填入下表。

【微信扫码】
项目引导

电气元件	电气符号	工作原理
按钮		
熔断器		
磁性开关		

（2）将下列电磁阀的符号与工作原理填入下表。

电气元件	名称	符号	工作原理
单电控 二位三通阀			
单电控 二位五通阀			
双电控 二位五通阀			

（3）气动手指的工作原理：_____

_____。

（4）使用单电控两位三通电磁阀控制气动手指的气动原理图与电气控制原理图。

气动原理图	电气控制原理图

（5）画出使用双电控两位三通电磁阀控制气动手指时的操作面板。

 **知识学习**

2.1 常用低压电气元件

1. 低压电器的基本知识

凡是能自动或手动接通和断开电路，以及能实现对电路或非电对象进行切换、控制和保护等元件统称为电器。按工作电压高低，可分为高压电器和低压电器，低压电器是指工作在交流 1 200 V 以下、直流 1 500 V 以下的电器。

低压电器种类很多，分类方法也有很多种。

1）按动作方式分类

（1）手动电器。这类电器的动作是由工作人员手动操纵，如刀开关、按钮等。

（2）自动电器。不需要人工直接操作，依靠本身参数的变化或外来信号的作用自动完成接通或分断等动作，如接触器、继电器等。

2）按工作原理分类

（1）电磁式电器。根据电磁感应原理来动作的电器，如接触器、各种电磁式继电器、电磁铁等。

（2）非电量控制电器。依靠外力或非电量信号（如压力、温度、速度等）的变化而动作的电器，如行程开关、速度继电器等。

3）按执行机构分类

（1）有触点电器。具有可分离的动触点和静触点，利用触点的接触和分离来实现电路的切换，如接触器、按钮等。

（2）无触点电器。没有可分离的触点，主要利用半导体元器件的开关效应来实现电路的通断控制，如接近开关、电子式时间继电器等。

2. 电源模块

开关电源是电源供应器的一种。开关电源有两种：一种是直流开关电源，另一种是交流开关电源。交流开关单元是将 220 V 交流电转换为用户端所需求的直流电压（一般有直流 24 V、5 V 等）。如图 2.1 所示。

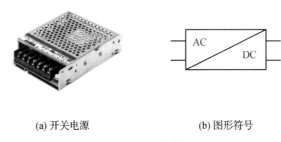

(a) 开关电源　　　　　　　(b) 图形符号

图 2.1　开关电源

3. 转换开关

转换开关又称组合开关，是刀开关中的一种，用于手动不频繁地接通和分断电路。转换开关有单极、三极和多极之分，如图 2.2 所示，使用时，转动手柄，可使动、静触点接通，相应的线路接通。

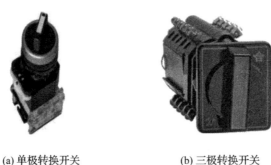

(a) 单极转换开关　　　　　　(b) 三极转换开关

图 2.2　转换开关

转换开关的符号如图 2.3 所示。

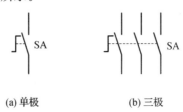

(a) 单极　　　　　　(b) 三极

图 2.3　转换开关符号

4. 按钮

按钮是一种用来接通或分断小电流电路的手动控制电器。按钮的触点允许流过的电流较小，一般不超过 5 A，因此不能直接用它操纵主电路的通断，而是在控制电路中，通过它发出"指令"去控制接触器或继电器线圈等，再由它们去控制主电路的通断。

1）按钮结构

按钮的种类很多，有按揿式、旋钮式和钥匙式等，如图 2.1.4（a）所示为常见的按钮外形。按钮主要由按钮帽、复位弹簧、常开触点、常闭触点等组成。按钮帽的颜色有红、绿、黑、黄等，供不同场合选用。按钮的常开触点是指常态下处于断开状态的触点，常闭触点是指常态下处于闭合状态的触点。常开触点和常闭触点是联动的，当按下按钮帽时，常闭触点先断开，常开触点后闭合；松开按钮帽时，常开触点先断开，随后常闭触点恢复闭合。图 2.4（b）所示为按钮的图形符号。

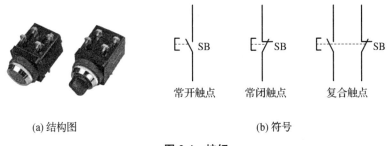

(a) 结构图　　　　　　　　　　　　　　(b) 符号

图 2.4　按钮

2）按钮型号

按钮型号的含义如图 2.5 所示。生产机械上常用的有 LA10、LA18、LA19、LA20 等系列。

图 2.5　按钮型号含义

不同结构形式的按钮，分别用不同的字母表示，K—开启式，适用于嵌装在操作面板上；H—保护式，带保护外壳；J—紧急式，作紧急切断电源用；X—旋钮式，用旋钮进行操作，有通和断两个位置；Y—钥匙式操作，须用钥匙插入进行操作；D—带指示灯式，兼作信号指示。

3）按钮的选用

选用按钮时应根据使用场合、所需触点数及按钮帽的颜色等因素考虑，一般红色作为停止按钮，绿色作为起动按钮。

5. 熔断器

熔断器在控制系统中主要用作短路保护如图 2.6 所示。使用时要把它串接于被保护的电路中，当电路电流正常时，熔体允许通过一定大小的电流而不熔断，当电路发生短路或严重过载时，熔体中流过很大的故障电流，以其自身产生的热量使熔体迅速熔断，从而自动切

断电路,起到保护作用。

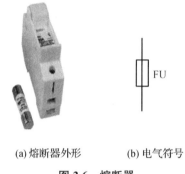

(a) 熔断器外形   (b) 电气符号

图 2.6　熔断器

1) 熔断器结构分类

熔断器主要由熔体(俗称保险丝)和安装熔体的底座(或称熔管)两部分组成,熔体通常用低熔点的铅锡合金材料制成,熔管是安装熔体的外壳,用陶瓷等耐热绝缘材料制成,在熔体熔断时兼有灭弧作用。

熔断器按结构形式分为插入式(RC 系列)、螺旋式(RL 系列)、有填料封闭管式(RT 系列)、无填料封闭管式(RM 系列)等,其外形结构和符号如图 2.1.6 所示。

2) 熔断器型号

熔断器的型号含义如图 2.7 所示。

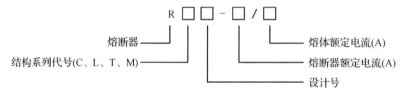

图 2.7　熔断器型号含义

3) 熔断器主要技术参数

熔断器的主要技术参数包括额定电压、熔体额定电流、熔断器额定电流、极限分断能力等。

(1) 额定电压。指能保证熔断器长期正常工作的电压。其值一般等于或大于电气设备的额定电压。

(2) 熔断器额定电流。指保证熔断器(指绝缘底座)能长期正常工作的电流。

(3) 熔体额定电流。指长时间通过熔体而熔体不被熔断的最大电流。

(4) 极限分断能力。指在规定的工作条件下,能可靠分断的最大短路电流值。

4) 熔断器选择原则

熔断器的选择主要是选择熔断器类型、额定电压、熔断器额定电流和熔体额定电流等。

(1) 熔断器类型的选择

根据使用环境、负载性质和短路电流的大小选用适当类型的熔断器。例如,对于容量较小的照明线路或电动机的保护,宜选用 RC1A 系列或 RM10 系列熔断器;对于短路电流较大的电路,宜选用 RL 系列或 RT 系列熔断器。

（2）熔体额定电流的选择

① 对电流较平稳、无冲击电流的负载的短路保护，如照明和电热设备等熔体的额定电流应等于或稍大于负载的额定电流。

② 对电动机负载，要考虑冲击电流的影响，计算方法如下：

对于单台电动机，熔体的额定电流 I_{RN} 应大于或等于 $1.5\sim2.5$ 倍电动机额定电流 I_N，即 $I_{RN}\geqslant(1.5\sim2.5)I_N$；

对于多台电动机，熔体的额定电流 I_{RN} 应大于或等于其中最大容量的电动机额定电流 I_{Nmax} 的 $1.5\sim2.5$ 倍，再加上其余电动机额定电流的总和 $\sum IN$，即 $I_{RN}\geqslant(1.5\sim2.5)I_{Nmax}+\sum I_N$。

（3）熔断器额定电压和额定电流的选择

熔断器额定电压应大于或等于线路的工作电压；熔断器的额定电流应大于或等于熔体的额定电流。

6. 中间继电器

中间继电器一般用来控制各种电压线圈，使信号得到放大或将信号同时传给几个控制元件，也可以代替接触器控制额定电流不超过 5 A 的电动机控制系统。常用的中间继电器如图 2.8 所示。

图 2.8 中间继电器

中间继电器主要由线圈、铁心、衔铁、触点系统等组成。它有数对触点，但无主、辅之分，各对触点允许流过的电流大小相同。8 对触点可组成 4 对常开、4 对常闭，或 6 对常开、2 对常闭等形式。

中间继电器的选用主要依据被控制电路的电压等级、所需触点的数量等要求来进行。常用的线圈电压为直流 24 V、12 V 等。

中间继电器的符号如图 2.9 所示。其型号含义如图 2.10 所示。

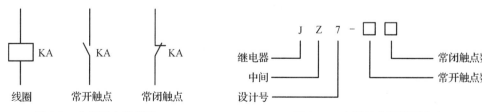

图 2.9 中间继电器符号   图 2.10 中间继电器型号含义

7. 行程开关

行程开关的工作原理与按钮相似,它是利用机械运动部件的碰压而使其常闭触点断开、常开触点闭合,从而实现对电路的控制作用。

行程开关有多种构造形式,常用的有直动式和滚轮式,如图 2.11 所示。

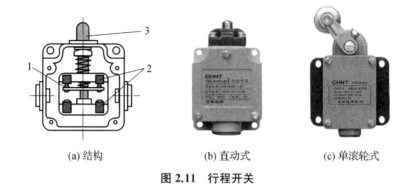

(a) 结构   (b) 直动式   (c) 单滚轮式

图 2.11　行程开关

行程开关的符号如图 2.12 所示。其型号含义如图 2.13 所示。

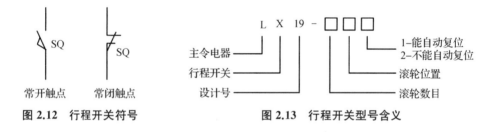

图 2.12　行程开关符号   **图 2.13　行程开关型号含义**

8. 接近开关

接近开关的作用是当某物体与接近开关接近并达到一定距离时,能发出信号,从而完成行程控制和限位保护。它不需要施加外力,是一种无触点式的限位开关。与行程开关相比,接近开关具有工作可靠、定位精度高、寿命长等特点。图 2.14 所示是几种常见的接近开关。

图 2.14　接近开关外形

部分接近开关的图形符号如图 2.15 所示。图 2.15(a)(b)(c)所示三种情况均使用 NPN 型三极管集电极开路输出。如果是使用 PNP 型的,正负极性应反过来。

利用传感器对所接近的物体具有的敏感特性来识别物体的接近,并输出相应开关信号,因此,接近传感器通常也称为接近开关。

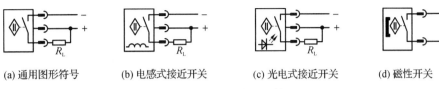

(a) 通用图形符号　　(b) 电感式接近开关　　(c) 光电式接近开关　　(d) 磁性开关

图 2.15　接近开关图形符号

接近传感器有多种检测方式,包括利用电磁感应引起的检测对象的金属体中产生的涡电流的方式、捕捉检测体的接近引起的电气信号的容量变化的方式、利用磁石和引导开关的方式、利用光电效应和光电转换器件作为检测元件等等。下面介绍磁性开关、电感式接近开关、光电式接近开关。

1) 磁性开关

有触点式的磁性开关用舌簧作磁场检测元件。舌簧成型于合成树脂块内,并且一般还有动作指示灯、过电压保护电路也塑封在内。图 2.16 所示是带磁性开关气缸的工作原理图。当气缸中随活塞移动的磁环靠近开关时,舌簧开关的两根簧片被磁化而相互吸引,触点闭合;当磁环移开开关后,簧片失磁,触点断开。触点闭合或断开时发出电控信号。

在实际应用中,可以利用磁性开关检查气缸是否推出或返回。

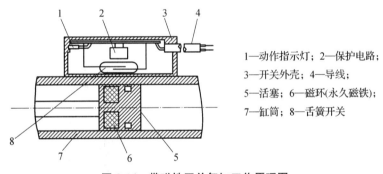

1—动作指示灯；2—保护电路；

3—开关外壳；4—导线；

5—活塞；6—磁环(永久磁铁)；

7—缸筒；8—舌簧开关

图 2.16　带磁性开关气缸工作原理图

在磁性开关上设置的 LED 显示用于显示其信号状态,供调试时使用。磁性开关动作时,输出信号"1",LED 亮;磁性开关不动作时,输出信号"0",LED 不亮。

磁性开关的安装位置可以调整,调整方法是松开它的紧定螺栓,让磁性开关顺着气缸滑动,到达指定位置后,再旋紧紧定螺栓。

磁性开关有蓝色和棕色 2 根引出线,使用时蓝色引出线应连接到 PLC 输入公共端,棕色引出线应连接到 PLC 输入端。磁性开关的内部电路如图 2.17 中虚线框内所示。

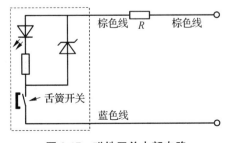

棕色线　　R　　棕色线

舌簧开关

蓝色线

图 2.17　磁性开关内部电路

2）电感式接近开关

电感式接近开关是利用电涡流效应制造的传感器。电涡流效应指当金属物体处于一个交变的磁场中,在金属内部会产生交变的电涡流,该涡流又会反作用于产生它的磁场这样一种物理效应。如果这个交变的磁场是由一个电感线圈产生的,则这个电感线圈中的电流就会发生变化,用于平衡涡流产生的磁场。

利用这一原理,以高频振荡器(LC 振荡器)中的电感线圈作为检测元件,当被测金属物体接近电感线圈时产生了涡流效应,引起振荡器振幅或频率的变化,由传感器的信号调理电路(包括检波、放大、整形、输出等电路)将该变化转换成开关量输出,从而达到检测目的。电感式接近传感器工作原理框图如图 2.18 所示。

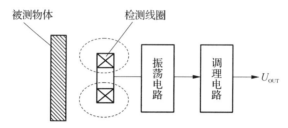

图 2.18　电感式传感器原理框图

在接近开关的选用和安装中,必须认真考虑检测距离、设定距离,保证生产线上的传感器可靠动作。安装距离注意说明如图 2.19 所示。

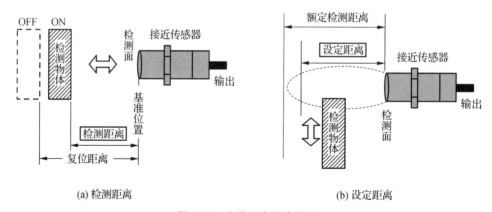

(a) 检测距离　　　　　　　　　　　(b) 设定距离

图 2.19　安装距离注意说明

3）光电式接近开关

光电传感器是利用光的各种性质,检测物体的有无和表面状态的变化等的传感器。其中输出形式为开关量的传感器为光电式接近开关。

光电式接近开关主要由光发射器和光接收器构成。如果光发射器发射的光线因检测物体不同而被遮掩或反射,到达光接收器的量将会发生变化。光接收器的敏感元件将检测出这种变化,并转换为电气信号,进行输出。大多使用可视光(主要为红色,也用绿色、蓝色来判断颜色)和红外光。

按照接收器接收光的方式的不同,光电式接近开关可分为对射式、反射式和漫射式,如

图 2.20 所示。

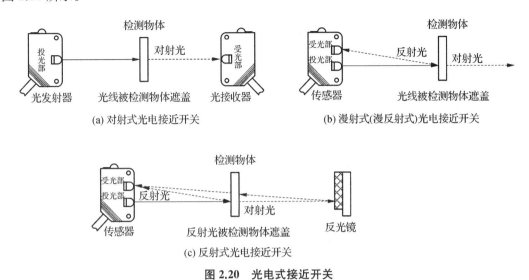

(a) 对射式光电接近开关　　　　(b) 漫射式(漫反射式)光电接近开关

(c) 反射式光电接近开关

图 2.20　光电式接近开关

9. 光纤传感器

光纤型传感器由光纤检测头、光纤放大器两部分组成。放大器和光纤检测头是分离的两个部分,光纤检测头的尾端部分分成两条光纤,使用时分别插入放大器的两个光纤孔。光纤传感器组件如图 2.21 所示。图 2.22 所示是放大器的安装示意图。

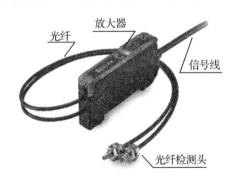

图 2.21　光纤传感器组件

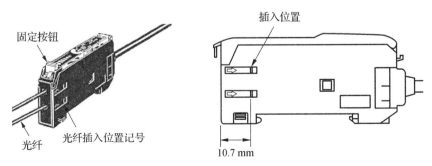

图 2.22　光纤传感器组件外形及放大器的安装示意图

光纤传感器也是光电传感器的一种。光纤传感器优点：抗电磁干扰、可工作于恶劣环境,传输距离远,使用寿命长,此外,由于光纤头具有较小的体积,所以可以安装在很小空间的地方。

光纤式光电接近开关的放大器的灵敏度调节范围较大。当光纤传感器灵敏度调得较小时,反射性较差的黑色物体,光电探测器无法接收到反射信号;而反射性较好的白色物体,光电探测器就可以接收到反射信号。反之,若调高光纤传感器灵敏度,则即使对反射性较差的黑色物体,光电探测器也可以接收到反射信号。

图 2.23 所示给出了放大器单元的俯视图,调节其中部的 8 旋转灵敏度高速旋钮就能进行放大器灵敏度调节(顺时针旋转灵敏度增大)。调节时,会看到“入光量显示灯”发光的变化。当探测器检测到物料时,“动作显示灯”会亮,提示检测到物料。

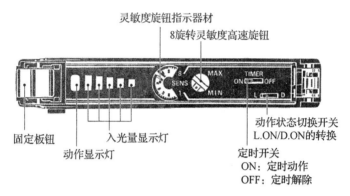

图 2.23　光纤传感器放大器单元的俯视图

E3Z-NA11 型光纤传感器电路框图如图 2.24 所示,接线时请注意根据导线颜色判断电源极性和信号输出线,切勿把信号输出线直接连接到电源＋24 V 端。

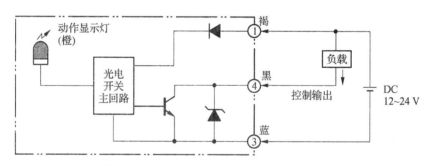

图 2.24　E3X-NA11 型光纤传感器电路框图

2.2　电磁阀

1. 单电控电磁换向阀

在气动执行元件中,单作用气缸的工作原理:向气缸的一腔输入压缩空气,使活塞杆伸出,依靠弹簧力,在压缩空气消失时使活塞杆缩回。双作用气缸的工作原理:其活塞的伸出与缩回运动是依靠向气缸一腔进气,并从另一腔排气,再反过来,从另一腔进气,一腔排气来实现的。气体流动方向的改变则由能改变气体流动方向的控制阀实现的,也称方向控制阀。

按照控制方式分类,方向控制阀可分为机械阀、气控阀、人控阀、电磁阀。

在自动控制中,方向控制阀常采用电磁控制方式实现气缸方向控制,称为电磁换向阀。

电磁换向阀是利用其电磁线圈通电时产生电磁吸力使阀芯切换,达到改变气流方向的目的。图 2.25 所示是一个单电控二位三通电磁换向阀的工作原理示意图。

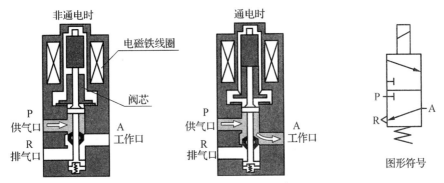

图 2.25　单电控电磁换向阀的工作原理示意图

所谓"位"指的是为了改变气体方向,阀芯相对于阀体所具有的不同的工作位置。"通"的含义则指换向阀与系统相连的通口,有几个通口即为几通。如图 2.25 所示,只有两个工作位置,具有供气口 P、工作口 A 和排气口 R,故为二位三通阀。

图 2.26 所示分别给出二位三通、二位四通和二位五通单控电磁换向阀的图形符号,图形中有几个方格就是几位,方格中的"┰"和"┴"符号表示各接口互不相通。

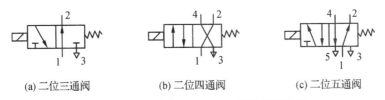

(a) 二位三通阀　　　　　(b) 二位四通阀　　　　　(c) 二位五通阀

图 2.26　部分单电控电磁换向阀的图形符号

电磁阀带有手动换向和加锁钮,有锁定(LOCK)和开启(PUSH)两个位置。用小螺丝刀把加锁钮旋到在 LOCK 位置时,手控开关向下凹进去,不能进行手控操作。只有在 PUSH 位置,可用工具向下按,信号为"1",等同于该侧的电磁信号为"1"。常态时,手控开关的信号为"0"。在进行设备调试时,可以使用手控开关对阀进行控制,从而实现对相应气路的控制,以改变推料缸等执行机构的控制,达到调试的目的。

两个电磁阀是集中安装在汇流板上的。汇流板中两个排气口末端均连接了消声器,消声器的作用是减少压缩空气在向大气排放时的噪声。电磁阀组如图 2.27 所示。

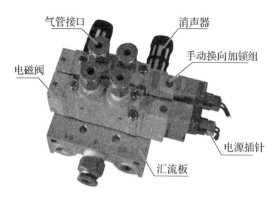

气管接口　　　　　　　　消声器

电磁阀　　　　　　　　手动换向加锁组

电源插针

汇流板

图 2.27　电磁阀组

2. 双电控电磁换向阀

在气动控制回路中,常采用二位五通双电控电磁阀,电磁阀外形如图 2.28 所示。

图 2.28　双电控气阀示意图

双电控电磁阀有两个电磁线圈,一般用在两位五通电磁阀。两位五通电磁阀动作原理:给正动作线圈通电,则正动作气路接通(正动作出气孔有气),即使给正动作线圈断电后正动作气路仍然是接通的,将会一直维持到给反动作线圈通电为止。给反动作线圈通电,则反动作气路接通(反动作出气孔有气),即使给反动作线圈断电后反动作气路仍然是接通的,将会一直维持到给正动作线圈通电为止。这相当于"自锁"。

双电控电磁阀与单电控电磁阀的区别在于,对于单电控电磁阀,在无电控信号时,阀芯在弹簧力的作用下会被复位,而对于双电控电磁阀,在两端都无电控信号时,阀芯的位置是取决于前一个电控信号。

注意:双电控电磁阀的两个电控信号不能同时为"1",即在控制过程中不允许两个线圈同时得电,否则,可能会造成电磁线圈烧毁,当然,在这种情况下阀芯的位置是不确定的。

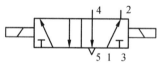

图 2.29　双电控电磁阀的图形符号

图 2.29 所示给出二位五通双控电磁换向阀的图形符号,图形中有几个方格就是几位,方格中的"⊤"和"⊥"符号表示各接口互不相通。

电磁阀是方向阀的一种,根据"磁生力"的原理,在电磁线圈通电的情况下产生力,使阀芯移动,从而控制气路中气流的流向。这一发明与创新设计,使方向阀的控制可以进行远程自动控制,为实现自动化创造了条件。

职业素养

创新是一个民族进步的灵魂,是国家文明发展的不竭动力,一个没有创新力的民族难以屹立于世界民族之林。科技是国民经济发展的重要支撑,科技创新是增强经济竞争力的关键,战略高科技能力的提升和长久的发展具有极大的推动作用。

习近平总书记谈科技创新时指出:"广大科技工作者要树立敢于创造的雄心壮志,敢于提出新理论、开辟新领域、探索新路径,在独创独有上下功夫。"

我们在课程的学习过程中,通过对问题的探讨,可以锻炼创新思维、科学思维方式,树立创新意识,勇于实践,增强社会责任感。

我国一名在校大学生,创新设计的割草机,可以在山地、丘陵等多种不同地区使用,其把手上下可以调节,适用于不同身高的操作人员。这一创新产品,现已走出国门,在国外制造与销售。

创新是引领发展的第一动力,创新是民族进步之魂,科技创新越来越成为发展生产力的重要基础和标志,越来越决定着一个国家、一个民族的发展进程。勇于创新,是新时代大学生应有的精神风貌。

项目实施

项目 2 实施单

项目名称	气动手指电气控制电路设计	姓名	
小组成员		小组分工	
资料	教材、气动控制其他教材、网络资源、气动元件样本	工具	电脑、绘图软件(CAD、EPLAN、画图板等)
项目实施			

1. 熟悉气动手指张开和闭合的控制方法

2. 选择电磁阀
(1) 是否可以选择单电控电磁阀:□可以　□不可以
(2) 是否可以选择双电控电磁阀:□可以　□不可以
(3) 如果上述两种电磁阀都可以选用,则两者的区别:

3. 画出气动手指夹紧与放松的气动控制回路与对应的电气控制电路

方法 1:单电控电磁阀控制气动手指

1) 气动手指的工作原理分析

气动手指又名气动夹爪,是利用压缩空气作为动力,用来夹取或抓取工件的执行装置。根据手指工作的运动特点,可分为平行手指和摆动手指(Y 形夹爪)。无论是平行手指还是摆动手指,手指总是轴向对称运动,每个手指不能单独运动。其主要作用是替代人的抓取工作,可有效地提高生产效率及工作的安全性。如图 2.30 所示。

(a) 平行手指　　　　　　　　(b) Y形手指

图 2.30　气动手指

平行手指的结构原理图如图 2.31 所示。

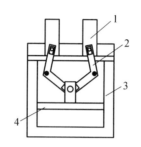

1—手指;2—连杆;3—缸体;4—活塞

图 2.31　平行手指的结构原理图

平行手指是由活塞驱动做平移运动,活塞带动连杆绕连杆中间的支点做旋转运动。当活塞上移时,手指向外运动(张开),反之,活塞下移时,手指闭合。

摆动手指是由气缸活塞驱动,使两只手指对称地做摆动。

2) 气动原理图设计

由于手指气缸为双作用型,此处采用两位五通单电控电磁阀对气动手爪的控制,并使用两个单向节流阀,实现气缸的出气节流,进行手指张开和闭合的速度控制。其气动原理图如图 2.32 所示。

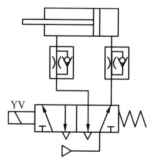

图 2.32　气动原理图(单电控)

当电磁阀线圈 YV 失电时,手指气缸伸出,手指张开;YV 得电时,手指气缸缩回,手指闭合。

3)电气控制原理图设计

根据任务要求,设计其电气控制原理图如图 2.33 所示。

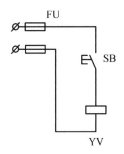

图 2.33 电气控制原理图(单电控)

当按下按钮 SB 时,电磁阀线圈 YV 得电,手指气缸缩回,手指闭合。松开按钮 SB 时,电磁阀线圈 YV 失电,手指气缸伸出,手指张开。电气控制使用熔断器 FU 做短路保护。

方法 2:双电控电磁阀控制气动手指

1)气动原理图设计

选用双电控电磁阀来实现气动手爪的控制时,需要使用两个按钮,分别控制手爪是张开和缩回。其气动原理图如图 2.34 所示。

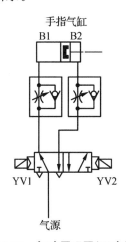

图 2.34 气动原理图(双电控)

2)电气控制原理图设计

根据任务要求,其电气控制原理图如图 2.35 所示。

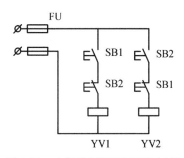

图 2.35 电气控制原理图(双电控)

当按下按钮 SB2 时,电磁阀线圈 YV1 得电,手指气缸活塞伸出,手爪张开;按下按钮 SB3 时,电磁阀线圈 YV2 得电,手指气缸活塞缩回,手爪夹紧。

思考与练习

1. 气动手指有哪些类型?
2. 气动手指的张开与闭合的控制原理是什么?
3. 单电控电磁阀的工作原理是什么?
4. 双电控电磁阀的工作原理与单电控电磁阀相比,有什么区别?
5. 使用手动方向阀,设计单作用气缸的手动控制回路。
6. 使用手动方向阀,设计双作用气缸的手动控制回路。
7. 使用电磁阀,设计单作用气缸的自动控制回路。
8. 使用电磁阀,设计双作用气缸的自动控制回路。

【微信扫码】
参考答案

项目 3　连杆钻夹具设计

学习目标

知识目标：

（1）熟悉一般意义上夹具的概念。

（2）熟悉自由度的含义。

（3）了解常见的定位元件。

（4）掌握定位、夹紧的设计要求。

能力目标：

（1）能查阅资料，选取定位元件。

（2）能进行机床夹具的总体方案设计。

（3）能进行关键件的设计。

项目描述

某内燃机连杆，材料为 45 钢，总长 93 mm，总宽为 22 mm，如图 3.1 所示。本工步使用的设备为 Z5125 机床，刀具为组合刀具，加工内容为钻 $\phi 7$ mm 孔和螺纹 M6 底孔 $\phi 5$ mm。本工序之前的加工内容：（1）同时铣大小端面；（2）同时铣大小另一端面；（3）钻铰 $\phi 12H9$ mm 孔并倒角；（4）钻铰 $\phi 8H9$ mm 孔并倒角。设计本工步的夹具。

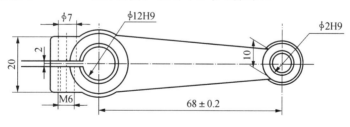

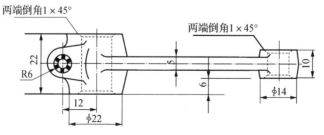

图 3.1　连杆图

工作任务

(1) 工件结构特点分析。
(2) 工件加工工艺分析。
(3) 确定夹具定位、夹紧方案。
(4) 选择与布置定位元件和刀具引导元件。
(5) 绘制与完善夹具装配图。

【微信扫码】
项目引导

项目引导

(1) 夹具的作用:_____

_____。

举例:

通用夹具:_____。

夹具示意图:

专夹具:_____。

夹具示意图:

(2) 关于夹具的组成部分,填写下表。

组成部分	作用

(3) 以下列长方体为例,说明自由度的含义,并在图上标出。

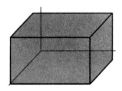

（4）什么是定位：_____

_____。

工件定位有几种情况：

① _____

_____。

② _____

_____。

③ _____

_____。

④ _____

_____。

（5）在长方体工件中，铣削直槽和铣削不通槽，分析各自需要限制的自由度（以工件底平面左上角为直角坐标原点、工件底平面左边为 X 方向）。

限制的自由度：_____ 限制的自由度：_____

（6）将定位元件填入下表。

定位对象	定位元件	适用场景
平面		
外圆		
圆孔		

 知识学习

在机械制造过程中，如机床切削、焊接、装配、检验等，用来固定加工对象，使之占有正确加工位置的工艺装备，称为夹具。图3.2所示为夹具案例。

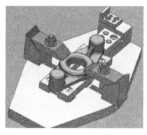

图 3.2　夹具案例

3.1　夹具的分类

夹具有几种不同的分类方法。

1. 按照夹具特点分类

可分为通用夹具、专用夹具、可调整夹具。

1) 通用夹具

通用夹具指结构、尺寸已标准化,且具有一定通用性的夹具。如三爪自定心卡盘、台虎钳、万能分度头、顶尖、中心架、电磁吸盘等。其特点是适用范围大、已经成为标准附件。

2) 专用夹具

专用夹具指针对某一工件、某一工序的加工要求专门设计与制造的夹具。其特点是针对性强,某一通用性。常用于批量较大的生产,可以获得加高的生产效率和加工精度。

2. 按照夹具动力源分类

可以分为手动夹具、气动夹具、液压夹具、气液夹具、电动夹具、电磁夹具、真空夹具、其他夹具。

3.2　夹具的组成

夹具主要由以下几个方面组成:夹具体、定位元件、夹紧装置、对刀元件、引导元件、其他装置等。夹具的具体组成部分,根据夹具的功能而异,不是每一种夹具都包含上述组成部分。

1) 定位元件

定位元件为与工件定位基准(面)接触的元件,用来确定工件在夹具中的位置。

2) 夹紧装置

夹具夹紧装置是压紧工件的装置,常常由多个元件组成。

3) 夹具体

夹具体即夹具的基本骨架,连接所有夹具元件。

4) 对刀元件、引导元件、其他装置

对刀元件调整刀具相对于夹具的位置;引导元件决定刀具相对于夹具的位置;其他装置

如分度装置等。

【**例 3.1**】在钻床上使用夹具,加工某套类零件上的 ϕ6H9 的径向孔。

如图 3.3 所示,1 为钻套,起引导钻头的作用,2 为圆柱体,起定位作用,成为定位元件,4 为螺母,起夹紧作用,6 为夹具体。

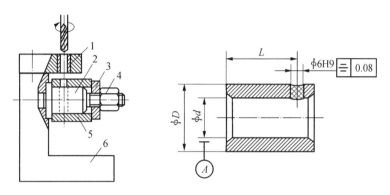

图 3.3　钻夹具

工件以内孔及端面与夹具上定位销 2 及端面接触定位,通过螺母 4 压紧工件。把夹具放在钻床工作台面上,移动钻头,让夹具上的钻套 1 引导钻头钻孔。钻套内孔中心线到定位销 2 端面的尺寸及对定位销 2 轴线的对称度是根据工件加工位置要求确定的,所以能满足工件加工要求。

在夹具设计时,需要掌握定位的基本原理和常用定位元件,并进行定位的误差分析。

1. 定位的概念

工件在夹具中占据正确的位置,称为定位。

2. 基准的概念

基准是在工件上用以确定其他点、线、面位置所依据的要素(点、线、面)。基准又分为设计基准、工序基准、定位基准。

1) 设计基准

在零件上用以确定其他点、线、面位置的基准,由产品设计人员确定。

2) 工序基准

工序基准在工序图上用以确定被加工表面位置的基准。工序基准由工艺人员确实。

3) 定位基准

定位基准是确定工件在夹具中的位置的基准。即与夹具定位元件接触的工件上的点、线、面。当接触的工件上的点、线、面为回转面、对称面时,称回转面、对称面为定位基面,其回转面、对称面的中心线称为定位基准。

3. 自由度的概念

一个自由的物体,在空间直角坐标系中,有 6 个活动可能性,其中 3 个移动、3 个旋转,如图 3.4 所示。习惯上,把这种活

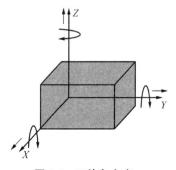

图 3.4　工件自由度

动的可能性称为自由度，即工件空间位置不确定的数目。工件有 6 个自由度，表示为 $\vec{X}$，$\vec{Y}$，$\vec{Z}$，$\hat{X}$，$\hat{Y}$，$\hat{Z}$。

3.3 工件定位

定位就是利用各种不同形状的定位元件限制刚体的自由度，使其在空间具有确定的位置。

1. 定位的基本原理

（1）工件在夹具中定位可以归结为在空间直角坐标系中，用定位元件限制工件自由度的方法。

（2）工件定位时，应该限制的自由度数目主要由工件工序加工要求确定。

（3）由于工件的自由度数量为 6 个，工件定位所需限制的自由度的数目小于等于 6。

（4）各个定位元件限制的自由度原则上不允许重和干涉。

（5）限制理论上应该限制的自由度，使一批工件定位位置一致。

【例 3.2】在长方形工件上的铣削直通槽，保证槽宽和槽的上下、左右位置要求，如图 3.5 所示。试确定定位方案。

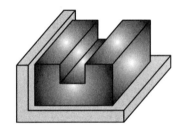

图 3.5　铣直槽的定位分析

解：

（1）分析满足加工要求理论上应该限制的自由度。

保证槽的上下位置要求，必须限制 $\hat{X}$，$\hat{Y}$，$\vec{Z}$。

保证槽的左右位置要求，必须限制 $\vec{X}$，$\hat{Y}$，$\hat{Z}$，槽宽由定尺寸刀具保证。

综合要求，必须限制 $\vec{X}$，$\vec{Z}$，$\hat{X}$，$\hat{Y}$，$\hat{Z}$。

（2）用定位元件限制理论上应该限制的自由度。

在与机床工作台面平行的平面上合理布置 3 个支撑钉与工件底面接触，限制了 $\vec{Z}$，$\hat{X}$，$\hat{Y}$ 3 个自由度。

在与刀具运行方向平行的平面上合理布置 2 个支撑钉与工件侧面接触，限制了 $\vec{X}$，$\hat{Z}$ 2 个自由度。

综合结果限制了 $\vec{X}$，$\vec{Z}$，$\hat{X}$，$\hat{Y}$，$\hat{Z}$ 5 个自由度。

【例 3.3】 在长方形工件上的铣削不通槽,保证槽宽和槽的上下、左右位置要求,如图 3.6 所示。试确定定位方案。

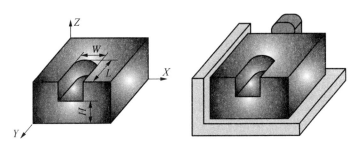

图 3.6 铣不通槽的定位分析

解:

(1)分析满足加工要求理论上应该限制的自由度。

保证槽的上下位置要求,必须限制 $\vec{Z}$,$\hat{X}$,$\hat{Y}$。

保证槽的左右位置要求,必须限制 $\vec{X}$,$\hat{Y}$,$\hat{Z}$。

保证槽的前后位置要求,必须限制 $\vec{Y}$。

槽宽由定尺寸刀具保证。

综合要求,必须限制 $\vec{X}$,$\vec{Y}$,$\vec{Z}$,$\hat{X}$,$\hat{Y}$,$\hat{Z}$。

(2)用定位元件限制理论上应该限制的自由度。

在与机床工作台面平行的平面上合理布置 3 个支撑钉与工件底面接触,限制了 $\vec{Z}$,$\hat{X}$,$\hat{Y}$ 3 个自由度。

在与机床进给方向平行的平面上合理布置两个支撑钉与工件侧面接触,限制了 $\vec{X}$,$\hat{Z}$ 2 个自由度。

在与机床进给方向垂直的平面上合理布置 1 个支撑钉与工件端面接触,限制了 $\vec{Y}$ 1 个自由度。

综合结果,限制了 $\vec{X}$,$\vec{Y}$,$\vec{Z}$,$\hat{X}$,$\hat{Y}$,$\hat{Z}$ 6 个自由度。

判断工件在某一个方向上的自由度是否被限制,判断标准是看同一批工件先后定位后,在该方向上的位置是否一致。

2. 工件定位的几种情况

1)完全定位

工件的 6 个自由度全部被限制的定位。如【例 3.3】。

2)不完全定位

工件的 6 个自由度中,部分被限制的定位。如【例 3.2】。

通过上述案例可见,工件采用完全定位还是不完全定位方式,主要由工件工序加工要求确定。而且可以有不同的定位方式,但要能满足加工要求。

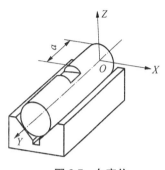

图 3.7 欠定位

3）欠定位

工件定位时,应该被限制的自由度没有被完全限制的定位,如图 3.7 所示。欠定位是不允许的。

图 3.7 所示为在长 V 形槽上定位,加工轴上距离一端尺寸为 a 的槽。为保证尺寸 a,沿轴线方向移动的自由度应该限制但没有被限制,故属于欠定位。

4）过定位

过定位即重复定位。工件定位时,几个定位元件重复限制工件的同一个自由度,如图 3.8 所示。

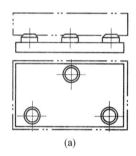
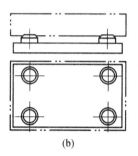

(a)   (b)

图 3.8 过定位

如图 3.8 所示,位于同一个平面内的 4 个定位支承钉限制了 3 个自由度。其实,同一平面内,3 个支撑钉就可限制 3 个自由度[如图 3.8(a)所示],第 4 个支撑钉就是过定位[如图 3.8(b)所示]。

一般情况下,不需要过定位。但特殊情况下,过定位是允许的。如果工件定位平面的平面度较高(已经精加工过),定位能保证一批工件定位的位置一致,这种情况下过定位是允许的,可以提高刚性。否则,第 1 个工件与 A、B、C 这 3 个支撑钉接触,第 2 个工件与 A、B、D 另外 3 个支撑钉接触,造成一批工件定位位置不一致,这种情况是不允许的。

当用车床车削细长轴时,工件装夹在两顶尖之间,已经限制了应该限制的所有 5 个自由度(除绕细长轴旋转的自由度之外)。但采用跟刀架,这就重复限制了 4 个自由度,出现了过定位现象。如果跟刀架的中心与两顶尖的连线的同心度较高,可以增加细长轴刚性。

3. 限制工件自由度与加工要求的关系

从上面的几种定位方式可知,限制工件自由度与加工要求的关系如下:

（1）保证 1 个方向上的加工尺寸需要限制 1～3 个自由度。

（2）保证 2 个方向上的加工尺寸需要限制 4～5 个自由度。

（3）保证 3 个方向上的加工尺寸需要限制 6 个自由度。

4. 定位元件的合理布局

定位元件的布局应该有利于提高工件定位精度和稳定性,其布局时需要注意以下几点:

（1）决定 1 个面的 3 个定位支撑钉,应该相互远离,更不能共线。

（2）决定一条线的两个定位支撑钉,应该相互远离。

（3）防转支撑钉应该远离工件回转中心布置。

（4）承受切削力的定位支撑钉应该布置在正对切削力方向的工件平面上。

（5）工件中心应该落在定位元件形成的稳定区域内。

3.4　典型定位元件

现分别介绍定位平面、外圆和圆孔的定位元件。

1. 定位平面的定位元件

常用的平面定位元件有标准固定支撑钉、定位支撑板、可调支撑钉。

1）标准固定支撑钉

固定支撑钉有不同的形状，如图 3.9 所示。

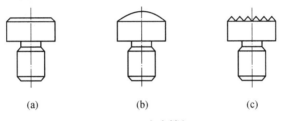

（a）　　　　　（b）　　　　　（c）

图 3.9　固定支撑钉

平头支撑钉用于精基准平面定位，如图 3.9（a）所示。适用于已加工平面的定位。

圆形支撑钉用于水平面粗基准定位，如图 3.9（b）所示。适用于毛坯面定位，以减小装夹误差。

锯齿形支撑钉用于侧平面粗基准定位，如图 3.9（c）所示。锯齿形的顶面形状，有利于加大摩擦系数。由于锯齿形的顶面清除切铁屑不太方便，故不适用于水平面的定位。

2）定位支撑板

支撑板适用于面积较大的精基准的定位，如图 3.10 所示。

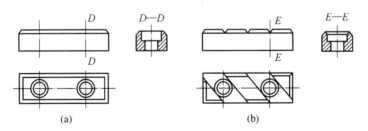

（a）　　　　　　　　　　　（b）

图 3.10　支撑板

图 3.10（a）所示支撑板的表面为平板式，由于不容易清除落入沉头螺钉内的铁屑，故适用于侧平面的精基准的定位。

图 3.10（b）所示支撑板的表面有斜槽，克服了不容易清除铁屑的缺点，适用于水平面的精基准的定位。

不论采用支撑钉或支撑板作为平面定位元件，在装入夹具后，应该再修磨一下，保证各支撑点在一个平面内。

3）可调支撑钉

可调支撑钉适用于粗基准的定位。如图 3.11 所示。

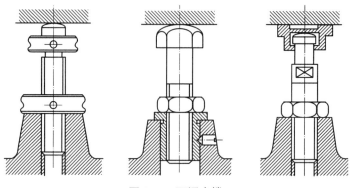

图 3.11　可调支撑

当毛坯的尺寸和形状变化较大时，为了适应毛坯表面位置的变化，需采用可调支撑进行定位。

4）辅助支撑

辅助支撑不起定位作用，在工件定位好后参与工作，不破坏工件的定位，但是辅助支撑锁紧后就成了固定支撑，能承受切削力。

辅助支撑的作用主要是用来在加工过程中加强被加工部位的刚性，增加与工件表面的接触点，减小加工受力变形，提高夹具、工件加工的稳定性，如图 3.12 所示。

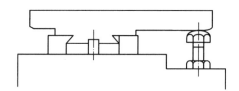

图 3.12　辅助支撑

2. 定位外圆的定位元件

常用的外圆定位元件有 V 形块、定位套、支承定位。

1）V 形块定位

V 形块被广泛应用于外圆粗定位或精定位方式。其特点是对中性好，即不论工件外圆的尺寸大小，其外圆中心线始终位于 V 形块两个斜面的对称平面内。

V 形块的结构已经标准化，如图 3.13 所示，斜面夹角有 $60°,90°,120$ 三种。长 V 形块限制 4 个自由度，短 V 形块限制 2 个自由度。

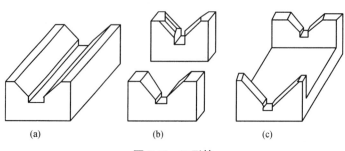

(a)　　　　　　　(b)　　　　　　　(c)

图 3.13　V 形块

图 3.13(a)所示为较长精基准定位;图 3.13(b)所示为较长粗基准定位;图 3.13(c)所示为阶梯轴精、粗基准定位。

2) 定位套

工件以外圆柱表面为定位基准在定位套内孔中定位,如图 3.14 所示。这种定位方式一般适用于精基准定位,缺点是无对中性。短定位套限制 2 个自由度,长定位套限制 4 个自由度,锥面套限制 3 个自由度。

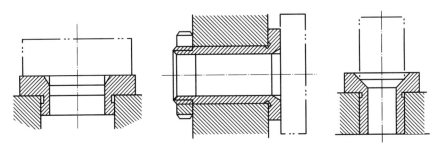

图 3.14 定位套

3) 支承定位

支承定位如图 3.15 所示。一般定位基准为点、线,也可以认为是中心线。

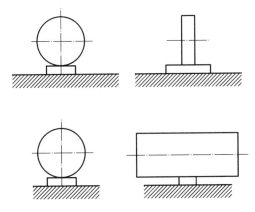

图 3.15 支承定位

支承板对外圆的定位属于支承定位,限制的自由度数量取决于和外圆母线的接触长度。短接触限制 1 个自由度,线接触限制 2 个自由度。

3. 定位圆孔的定位元件

常用的圆孔定位有定位销、圆柱心轴。

1) 定位销

定位销是以工件孔作为定位基准,参与限制物体自由度。定位销分为固定式定位销和可换式定位销。

短定位销限制 2 个自由度,长定位销限制 4 个自由度。

固定式定位销在磨损后不可更换,如图 3.16(a)所示。可换式定位销在磨损后可以更换,如图 3.16(b)所示。

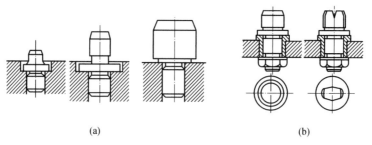

(a)   (b)

图 3.16　圆柱式定位销

上述定位销为圆柱式定位销。圆锥定位销一般和其他元件组合使用。

还有一种锥面形式的定位销,如图 3.17 所示。图 3.17(a)所示为粗基准定位用,图 3.17(b)所示为精基准定位用。

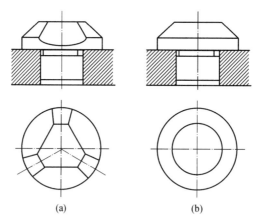

(a)   (b)

图 3.17　圆锥式定位销

2) 圆柱心轴

心轴主要用于以套筒类和空心盘类工件的内孔表面作为定位基准的定位元件。圆柱心轴一般由导向、定位和传动部分组成。

圆柱心轴可分为间隙配合心轴、过盈配合心轴。长间隙配合心轴限制 4 个自由度,短间隙配合心轴限制 2 个自由度。过盈配合心轴限制 4 个自由度。间隙配合心轴的定心精度较低,但装卸方便。过盈配合心轴的定心精度较高。

心轴直径分为 3 段,如图 3.18 所示。第 1 段为导向部分,第 2 段为定位部分,第 3 段为传动部分。

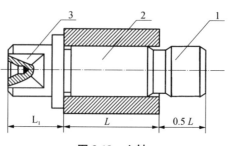

图 3.18　心轴

【例 3.4】如图 3.19 所示,工件上有两个孔,工件以此两个孔和工件的底面进行定位,即"一面两销"定位。分析各定位元件限制的自由度。

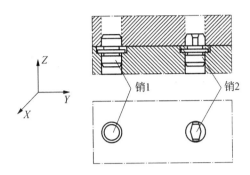

图 3.19 "一面两销"定位分析

上述工件以 2 个及 2 个以上定位基准的定位,称为组合定位。组合定位中,各定位元件限制自由度的分析方法如下:

(1) 定位元件单个定位时,限制转动自由度的作用在组合定位中不变。

(2) 组合定位中各定位元件单个定位时,限制的移动自由度,相互间若无重复,则在组合定位中该元件限制该移动自由度的作用不变;若有重复,其限制自由度的作用需要重新分析判断。① 在重复限制移动自由度的元件中,按照各元件实际参与定位的先后顺序,分首先参与定位元件和次参定位元件,若分不清首先和次要,则可以假设;② 首先参与定位的元件限制移动自由度的作用不变;③ 让次要参与定位的元件相对于首先参与定位元件在重复限制移动自由度的方向上移动,引起工件的动向就是次参定位元件限制的自由度。

解:

支撑平面限制了 $\hat{X}$,$\hat{Y}$,$\vec{Z}$;圆柱销 1 限制了 $\vec{X}$,$\vec{Y}$;圆柱销 2 限制了 $\vec{X}$,$\vec{Y}$。

$\vec{X}$,$\vec{Y}$ 2 个自由度被重复限制了,按照准则分析,实际参与定位先、后分不出,假设销 1 首先对 $\vec{X}$,$\vec{Y}$ 进行限位,销 2 为次参定位元件,限制了 $\vec{X}$,$\hat{Z}$。

综合定位结果为限制了 $\vec{X}$,$\vec{Y}$,$\vec{Z}$,$\hat{X}$,$\hat{Y}$,$\hat{Z}$。且 $\vec{X}$ 重复限制。

3.5 夹紧装置的组成和基本要求

把工件压紧夹牢的装置称为夹紧装置,如图 3.20 所示。

气缸 1 推动斜楔 2 左右运动,通过滚子 3 驱动压板 4 绕着铰链转动,从而压紧和松开工件。

1. 夹紧装置的组成

(1) 力源。产生夹紧力的装置。

(2) 夹紧元件。夹紧工件的元件。

(3) 中间力传递机构。介于力源与夹紧元件之间的机构。

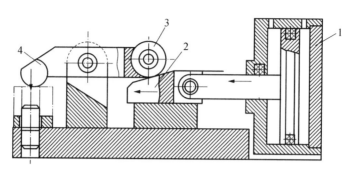

1—气缸；2—斜楔；3—滚子；4—压板

图 3.20 夹紧装置

中间力传递机构的作用：① 可以改变夹紧力的方向；② 改变夹紧力的大小，斜楔具有增力作用；③ 保证安全自锁（在夹紧作用力去除后，仍不松开夹紧），斜楔具有自锁性。

2. 夹紧装置的基本要求

（1）工件不能移动。

（2）工件不能变形。

（3）工件不震动。

（4）安全、方便、省力。

（5）自动化、复杂化程度与生产要求相一致。

3. 设计加紧装置的基本准则

设计加紧装置的关键是如何正确地施加夹紧力，即正确确定夹紧力的大小、方向和作用点。

1）夹紧力的方向准则

夹紧力的方向用"↓"表示。箭头指向处为夹紧力的作用点。

（1）不破坏定位精度

夹紧力应指向定位基准，有利于定位。图 3.21(a)所示为错误，图 3.21(b)所示为正确。

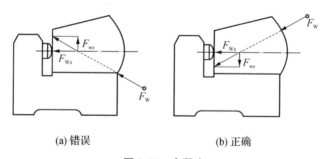

(a) 错误　　　　　　　　　(b) 正确

图 3.21 夹紧力

（2）有利于减小夹紧力

夹紧力的方向与夹紧力的大小有密切关系。如图 3.22 所示，F_W 为夹紧力，F 为切削力，G 为工件自重。

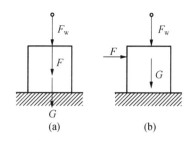

图 3.22 夹紧方向与夹紧力大小

图 3.22(a)中,理论上,夹紧力可以为零。图 3.22(b)中,$F_w = F/f - G$(f 为摩擦系数)。

(3)有利于减小工件变形

夹紧力的方向应该与工件刚性最高的方向一致。夹薄壁工件时,尤其需要注意这种情况。薄壁套的轴向刚性比径向刚性高,故如图 3.23 所示,(a) 夹紧方式欠佳,(b) 夹紧方式较好。

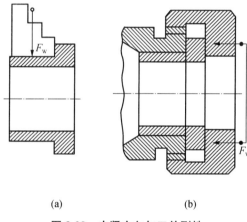

图 3.23 夹紧方向与工件刚性

2)夹紧力的作用点准则

(1)保证定位稳定可靠

夹紧力的作用点应落在定位元件支承范围以内,否则夹紧时会破坏工件的定位。作用点与定位支承点的关系如图 3.24 所示。

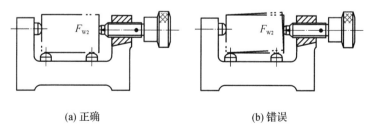

图 3.24 作用点与支承点的关系

图 3.24(a)所示作用点正确,3.24(b)所示作用点错误。

(2)有利于减小变形

作用点应该位于工件刚性较好部位,对于如图 3.25 所示的薄壁箱体,夹具力的作用点不应作用在箱体顶部,而应作用在刚性好的凸边上。当箱体没有凸边时,改为顶部三点施加夹紧力,减小变形。图 3.25(a)所示作用点错误,图 3.25(b)所示作用点正确,图 3.25(c)所示为顶部三个作用点。

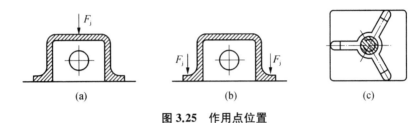

图 3.25　作用点位置

（3）有利于减小震动

作用点应尽可能地靠近加工面,这样有利于减小震动,如图 3.26 所示。

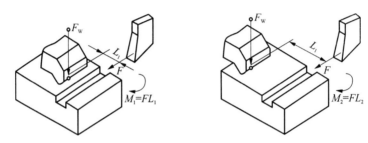

图 3.26　作用点应靠近工件加工部位

当作用点只能远离加工面时,可增设辅助支承,如图 3.27 所示。

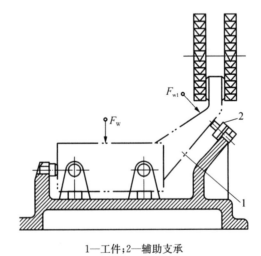

1—工件;2—辅助支承

图 3.27　增设辅助支承

3）夹紧力的大小准则

夹紧力的大小,需要进行计算进行确定。理论夹紧力 F_w 可以根据切削力 F 大小,按照静力平衡求出,实际夹紧力按照系数进行放大。一般地,粗加工时放大 2.5～3 倍,精加工时放大 1.5～2 倍。

夹紧力过大时,工件变形加大;夹紧力过小时,夹紧不可靠,工件会产生移动,破坏定位。

4. 基本的夹紧机构

夹紧机构的种类很多,但其结构大多以斜楔夹紧机构、螺旋夹紧机构、偏心夹紧机构为基础。故上述三种夹紧机构又被称为基本夹紧机构。

1) 斜楔夹紧机构

斜楔夹紧机构主要用于机动夹紧,而且工件的精度较高,如图 3.28 所示。其结构特点有:

(1) 自锁性。当夹紧作用力取消后,在纯摩擦力的作用下,仍能保持夹紧的现象。

(2) 改变作用力方向。

(3) 具有增力作用。

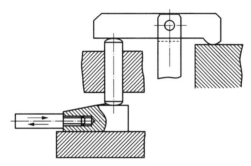

图 3.28　斜楔夹紧机构

2) 螺旋夹紧机构

螺旋夹紧机构主要用于手动夹紧,如图 3.29 所示。螺旋夹紧机构采用螺杆作为中间传力元件,相当于斜楔绕在圆柱体上,因而具有斜楔的结构特点。但一般地,螺纹升角(≤4°)比斜楔的斜角(≤6°~8°)更小,故自锁性能更好,耐振。

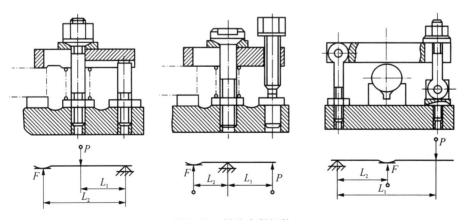

图 3.29　螺旋夹紧机构

图 3.30 所示为斜楔-螺旋夹紧机构。

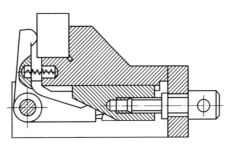

图3.30　斜楔-螺旋夹紧机构

3）偏心夹紧机构

偏心夹紧机构是通过手柄转动圆偏心轮，产生夹紧力，如图3.31所示。偏心夹紧机构一般用于切削力不大且没有震动的场合。偏心夹紧机构夹紧力较小，且自锁性能不佳。

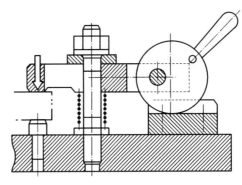

图3.31　偏心夹紧机构

3.6　夹具的设计方法

重点掌握夹具设计的方法、步骤，夹具的结构工艺性和夹具体的设计，以及夹具总图上尺寸、技术条件的标注。

1. 夹具设计的基本要求

夹具设计的基本要求是使加工质量、生产效率、经济性、劳动条件等几个方面兼顾。具体要求如下。

（1）夹具设计应满足零件加工工序的精度要求。

（2）应能提高加工生产率。

（3）操作方便、省力、安全。

（4）具有一定使用寿命和较低的制造成本。

（5）夹具元件应满足通用化、标准化、系列化。

（6）具有良好的结构工艺性，便于制造、检验、装配、调整、维修。

2. 夹具设计的方法

夹具设备一般按照以下几个阶段进行。

1）准备阶段

明确设计要求，主要内容如下。

（1）熟悉夹具功能，熟悉工件加工工艺、本工序加工要求等。

（2）熟悉夹具使用的刀具、工具等资料。

（3）收集有关夹具标准件、零部件资料。

（4）收集同类夹具资料，为制定夹具方案提供参考。

2）初步设计阶段

（1）确定定位。

（2）定位元件选择与布置。

（3）刀具引导元件选择与布置。

（4）确定夹紧方案。

3）详细设计阶段

（1）绘制夹具装配图。

① 用双点划线画出外形轮廓和主要表面（定位面、夹具面、加工面）。

② 主视图尽量选择与操作者正对的位置。

（2）标注相关尺寸：在装配图上标注必要的外形尺寸、定位元件位置、配合尺寸等。

（3）绘制非标准件零件图。

（4）编写零件明细表。

夹具的具体设计过程，因夹具的功能、结构可以有所变化。

项目实施

项目 3 实施单

项目名称	连杆钻夹具设计	姓名	
小组成员		小组分工	
资料	教材、夹具设计其他教材、网络资源、钻套等标准件资料	工具	电脑、绘图软件（CAD 等）
项目实施			
1. 工件结构特点与工件加工工艺分析 （1）工件的外形尺寸 （2）本工序前已加工的内容 （3）本工序需要加工的内容与要求			
2. 确定夹具定位、夹紧方案 （1）夹具定位方式 （2）定位元件的选择与布置 （3）刀具引导元件的选择与布置 （4）夹具夹紧方式			
3. 夹具详细设计 （1）绘制夹具装配图 （2）标注夹具外形尺寸、定位元件位置等相关尺寸			

钻夹具设计的可以按照以下步骤进行。

1. 设计准备

分析零件结构特点,明确夹具对应的加工工序内容和要求。零件图如图 3.32 所示,加工工艺如表 3.1 所示。

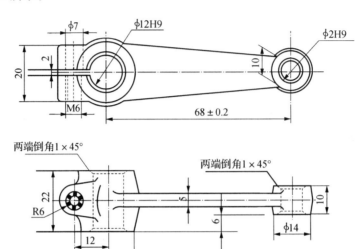

图 3.32　加工零件

零件图为连杆,材料为 45 钢,毛坯经过锻打。总长 93 mm,总宽为 22 mm。本工步为加工工艺中的第 5 个工步。使用的设备为 Z5125 机床,加工内容为钻 $\phi 7$ mm 孔和螺纹 M6 底孔 $\phi 5$ mm。

表 3.1　连杆加工工艺

序号	加工内容	设备	刀具
1	同时铣大小端面	X5025	
2	同时铣大小另一端面	X5025	
3	钻铰 $\phi 12H9$ mm 孔并倒角	Z5125	
4	钻铰 $\phi 8H9$ mm 孔并倒角	Z5125	
5	钻 $\phi 7$ mm 孔和螺纹底孔 $\phi 5$ mm	Z5125	组合刀具
6	铣 2 mm 槽	Z5125	
7	攻螺纹 M6	Z5125	

2. 初步设计

1)根据工件图纸和工艺过程,分析工件定位、夹紧方案

已加工工序情况:本进行工序之前,已经加工出连杆两端的 $\phi 12H9$ 内孔和 $\phi 8H9$,两者之间的距离为 68 ± 0.2 mm。连杆宽度方向上的平面也已经加工,尺寸 22 mm、10 mm 和 6 mm 已经形成。

本工序要保证的尺寸及其位置要求:

（1）φ7 孔和螺纹 M6 底孔 φ5 为同轴孔。

（2）φ7 孔和螺纹 M6 底孔中心线距离 φ12H9 的距离保证为 12 mm，且在连杆对称面上。

本工序加工设备：在 Z5125 机床上。

通过以上分析，工件需要限制 6 个自由度。确定定位方案：

以两孔和一面作为定位基准。

（1）采用长圆柱定位销，对 φ12H9 内孔进行定位，限制 4 个自由度。

（2）采用短菱形定位销，对 φ8H9 内孔进行定位，限制 1 个自由度。

（3）采用短支承板，限制 1 个自由度。

确定夹紧方案：

在靠近钻孔位置的 φ12H9 孔端面，设计夹具装置。

夹具定位与夹紧方案示意图如图 3.33 所示。

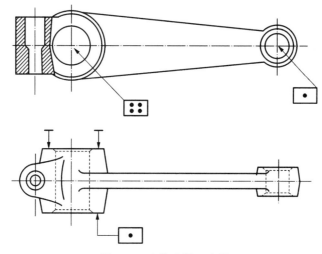

图 3.33 定位夹具示意图

2）布置定位元件

根据定位孔的大小，选取一个长圆柱销和一个短菱形销，对工件进行定位，如图 3.34 所示。

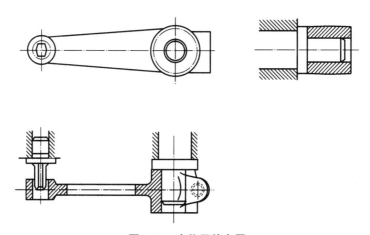

图 3.34 定位元件布置

069

φ12H9 内孔轴向的定位元件,利用长圆柱销的台阶进行定位,不另选定位板。

3)布置引导元件

引导元件为钻套,对钻头进行位置引导。钻套位于待加工要素的正上方,按照加工位置要求进行设计,即中心线距离 φ12H9 的中心线保证为 12 mm,且在连杆对称面上。钻套内孔大小按照钻头大小进行选择。如图 3.35 所示。

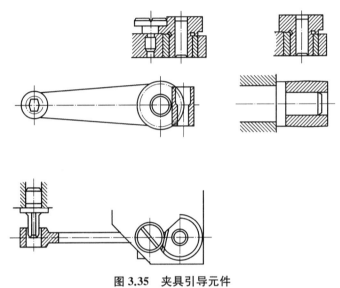

图 3.35　夹具引导元件

4)确定夹紧方案

夹具采用手动夹紧放式。夹具机构为螺旋式。如图 3.36 所示。

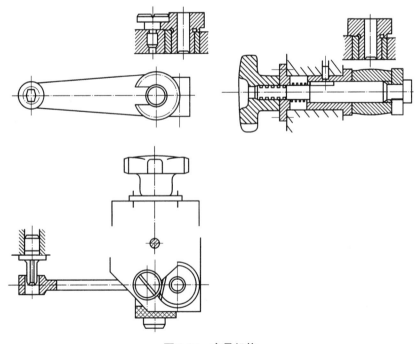

图 3.36　夹具机构

3. 完成夹具设计

1）绘制夹具装配图

夹具总体设计图如图 3.37 所示。

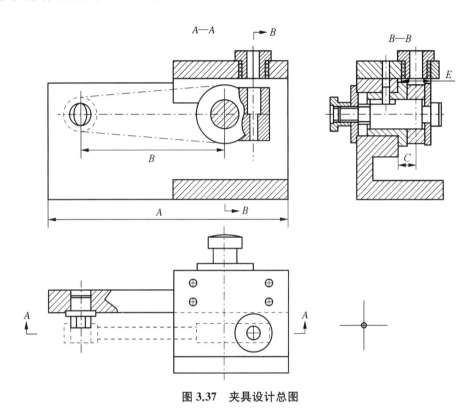

图 3.37 夹具设计总图

2）尺寸、公差配合、技术条件标准

（1）尺寸标注

装配图上的尺寸标准如下。

① 外形轮廓尺寸

总体长、宽、高尺寸;活动部件的极限位置尺寸,如图 3.37 所示 A 尺寸。

② 工件与定位元件的联系尺寸

把工件顺利装入夹具所涉及的尺寸,如图 3.37 所示 B 尺寸。包括:工件与定位元件的配合尺寸;定位元件之间的位置尺寸。

③ 夹具与刀具的联系尺寸

指定位元件与对刀元件之间的位置尺寸,如图 3.37 所示 C 尺寸。

④ 夹具与机床的联系尺寸

把夹具顺利装入机床所涉及的尺寸,与机床尺寸相关。

（2）夹具总图上公差配合的标注

在总图上,夹具标准件与相关零件之间需要标注公差配合。公差配合的选取参照《夹具设计手册》。如图 3.37 所示 E 尺寸(钻模板与衬套的配合为 H7/n6,图中未具体标出)。

（3）夹具总图上技术条件的标注

夹具总图上技术条件包括装配过程中的注意事项；装配后应满足的位置精度要求、操作要求。如图3.37所示，可以标注技术条件：

① 轴对夹具体底面的平行度误差≤0.02/100 mm。

② 钻套中心线对夹具体底面的平行度误差≤0.05/100 mm。

3）零件设计

按照国家规定制图标准，逐一绘制各个零件图纸。

4）编制零件、标准件明细表

将夹具中的零件和标准件，按照企业规定的格式，编制明细表，便于生产、检验、采购、财务部门使用。

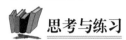
思考与练习

1. 按照夹紧力的来源，夹紧分为几种？

2. 确定夹紧力的方向有哪些准则？

3. 什么叫欠定位？

4. 定位平面的定位元件有哪些？

5. 辅助支撑的作用是什么？

6. 什么叫定位基准？

7. 夹具的组成部分有哪些？

8. 简述夹具的设计过程。

9. 什么叫定位？

【微信扫码】
参考答案

项目 4 工业机器人夹具快换装置原理分析

 学习目标

知识目标：

(1) 理解工业机器人夹具的定义。

(2) 熟悉工业机器人常用夹具的种类。

能力目标：

(1) 能查阅资料，了解机器人与机器人夹具连接部位形状与尺寸。

(2) 能查阅资料，选取合适的机器人快换装置。

(3) 能进行机器人快换装置的拆装。

项目描述

某研发人员设计了一款三爪手指的机器人快换握爪，可进行三爪手指机器人夹具的快速更换。图 4.1(a)所示为三爪手指机器人夹具，图 4.1(b)所示为快换握爪，图 4.1(c)所示为握爪夹紧三爪手指机器人夹具时的工作状态。试分析快换握爪与机器人夹具之间的定位原理、锁紧原理、气路与电路衔接方法。

【微信扫码】
握爪快换
夹具视频

(a) 三爪卡盘机器人夹具　　　(b) 快换装置　　　(c) 工作状态

图 4.1　快换握爪与机器人夹具

工作任务

(1) 熟悉机器人快换握爪的作用。

(2) 分析机器人快换握爪的结构与原理。

项目引导

（1）工业机器人夹具是指：_____

_____

_____。

（2）工业机器人快换工具的作用：_____

_____。

（3）本项目给定的握爪左侧的配电块上，共有几根带孔导电柱？画出导电柱的位置布置图及编号。

（4）画出项目给定的握爪右侧配气块上两个气孔的位置图。

（5）握爪夹紧与松开夹具的原理：_____

_____

_____。

（6）夹具与握爪之间的定位原理：_____

_____

_____。

知识学习

4.1　工业机器人夹具的定义

随着机器人技术的飞速发展及其在各个领域的广泛应用，作为机器人与环境相互作用的最后执行部件，夹具对机器人智能化水平和作业水平的提高具有十分重要的作用，因此，对机器人夹具工作能力的研究受到人们极大的重视。

机器人夹具是安装在机器人手腕上，用来抓握工件或执行某种作业的附加装置，俗称机器人末端执行器，如图 4.2 所示。机器人夹具能根据控制系统发出的命令执行相应的动作。

图 4.2 机器人夹具

手爪是机器人夹具的一种常见的形式。但机器人夹具可以是手爪,也可以不是手爪。机器人夹具"抓取"工件时,可以通过手爪,也可以通过电磁吸力、真空吸力等方法,视"抓取"的对象而定。手部还可以是专用工具,如喷枪、焊接工具、激光头、抛光头等。

机器人夹具的功能通用性不强。根据所抓取的对象不同,手部的结构各不相同。一种夹具只能抓取一种或几种形状、尺寸、重量相似或相近的工件。

4.2 机器人夹具分类

这里的机器人夹具,是指末端执行器,是机器人工作的"手",它具有模仿人手动作的功能,主要用于"抓取"工件、握紧专用工具等。

工业机器人夹具特点:专用性强,服务对象专一,常常为了某一特定应用。如为某个零件在某道工序上的搬运,需要有针对性地设计制造专用的机器人夹具。

为使机器人手爪能夹紧、握持、放松,或者使专用工具运行等,驱动夹具执行机构的动力有多种方式,主要有电气式、液压式或气压式、电磁式、真空式等。所以,手部配有电、气、液的接口,向手部提供电、气、液等。

机器人夹具按照工作动力源划分,可以分为气动式机器人夹具、吸附式机器人夹具、机电式机器人夹具、专用工具式机器人夹具等。

1) 气动式机器人夹具

这类机器人夹具以高压空气作为动力,使夹具工作。图 4.3 所示为两种抓料机器人夹具,夹具中使用气缸控制夹爪的张开与闭合,其中,图 4.3(a)所示与机器人手腕固定连接,不能自动更换;图 4.3(b)所示为与机器人手腕通过快换工具进行固定连接,可以自动更换。

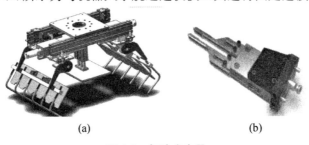

(a)   (b)

图 4.3 气动式夹具

2）吸附式机器人夹具

这类机器人夹具以负压空气作为动力,使夹具工作。图 4.4 所示为一种利用吸吊原理进行工作的机器人夹具,当负压提供给机器人夹具时,物料被吸吊,当负压消失时,物料被放下。

图 4.4　气动式夹具

3）机电式机器人夹具

这类机器人夹具以电源作为动力,使夹具工作。图 4.5 所示为一种依靠电磁吸力工作的机器人夹具,当额定电源提供给未机器人夹具时,产生电磁吸力,物料被吸吊。切断电源时物料被放下。

4）专用工具式机器人夹具

这类机器人夹具在作用是握持专用工具,完成特点的工作。图 4.6(a)所示为握持动力头,进行雕刻工作;图 4.6(b)所示为握持焊枪,进行焊接工作。

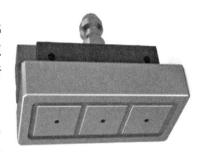

图 4.5　机电式式夹具

(a)握持动力头　　　　　　　　　　(b)握持焊枪

图 4.6　专用工具式夹具

4.3 机器人夹具的连接

1. 固定连接

机器人手部有用于连接机器人夹具的机械接口，如图 4.7 所示的法兰盘 6。法兰盘可用于连接机器人夹具。

机器人夹具可以直接固定连接在法兰盘上，如图 4.8 所示。这种连接方法比较简单、可靠，广泛应用在不需要频繁更换夹具的场合。

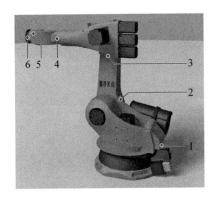

1—转盘；2—平衡机构；3—伺服电机；4—小臂；5—手腕；6—法兰盘

图 4.7　机器人连接法兰盘

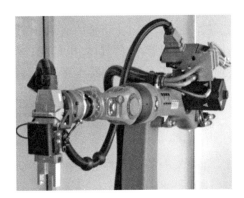

图 4.8　机器人夹具固定连接

2. 可自动更换连接

在自动化生产线中，用户根据实际情况，一台工业机器人常常需要使用多个工具，按照工艺过程，更换不同的夹具，完成生产任务。例如：某一个机械零件在加工过程中，使用机器人完成取料、加工周转 、打磨等任务，需要使用多个不同的机器人夹具，如图 4.9 所示。机器人根据加工内容，自动换取对应的机器人夹具。在这样的使用场合下，机器人手腕部位可固定安装一个快换握爪，与机器人夹具之间进行可自动更换连接。

图 4.9　夹具快换应用场

4.4　机器人工具快换装置

为了满足需要自动更换机器人夹具的要求,可以通过使用机器人工具快换装置,进行多个机器人夹具的自动快换。

1. 机器人工具快换装置的功能

（1）可以快速进行夹具更换。通常一台机器人配有多个夹具,需要机械接口具有通用性和互换性。

（2）能够让不同的介质从机器人连接到夹具。由于机器人夹具工作的动力有可能需要电力、气体、液体,夹具上可能有各种传感器,如气缸位置传感器等。另外,还可能具有机器人防碰撞传感器等,这些气体、电信号、液体、视频、超声波等介质需要通过工具快换装置进行传递。图 4.10 所示为机器人夹具夹持的不同的对象。

图 4.10　机器人夹具夹持对象

图 4.11　工具快换装置

2. 机器人工具快换装置的结构

工具快换装置由机器人侧和夹具侧两部分组成,工具快换装置的机器人侧俗称握爪。图 4.11 所示为某一款型号的机器人工具快换装置。

1）机器人侧电路与气路

上半部分为机器人侧,即握爪。左右两侧均为电连接插头。

圆柱面上分布的 3 个螺纹孔用于连接气管接头,3 个气管接头螺纹孔与机器人侧下方 3 个气密封圈孔相贯通,形成气路。

2）上、下部分锁紧

机器人侧的钢球用于上、下两部分配合后的锁紧。当机器人侧插入夹具侧之前,机器人通过气动控制钢球缩回,待插入后,钢球精确地推进夹具侧的锁紧环内,再由机器人通过气动控制滚珠松开,将上、下部分紧紧地锁住。

3）夹具侧电路与气路

下半部分为夹具侧,左右两侧均为电连接插头,与上半部分位置一致,相互配合,使上、下电路相通。

夹具侧圆柱面上分布的 3 个螺纹孔用于连接气管接头,3 个气管接头螺纹孔与夹具侧上方 3 个气孔相贯通,形成气路。夹具侧上方 3 个气孔与机器人侧的 3 个气密封圈位置一致,相互配合,使上、下气路相贯通。如图 4.12 所示。

图 4.12 电路与气路

4) 夹具侧与机器人侧的定位

为保证夹具侧与机器人侧的介质的传递、保证夹具所夹持工件位置的精确性,夹具侧与机器人侧之间必须进行精确的定位。定位的要求:相对于机器人侧,需要限制夹具侧的 6 个自由度。定位的方法:在夹具侧的上平面,安装有 2 个定位销,在机器人侧的下平面,有 2 个定位孔。通过 2 个定位销和相互接触平面,即"一面两销"进行定位。

3. 机器人工具快换装置的安装

机器人侧安装在机器人前端的法兰盘上,夹具侧安装在工具上。工具快换装置的安装方法如图 4.13 所示。

图 4.13 机器人工具快换装置的安装

4. 机器人快换工具的优点

(1) 快速自动更换生产线上夹具。

(2) 维护和修理工具时可以快速更换,大大降低停工时间。

(3) 更换和使用不同夹具,使机器人柔性增加。

(4) 配备检测传感器。

因智能化的需要,根据具体要求,机器人夹具还需要配备检测传感器(如物料检测、夹紧力检测等)、机器人碰撞传感器、机器人旋转连接器等。

4.5 工业机器人夹具设计的特点

工业机器人夹具主要是用来"抓取"物体,与一般意义上用来保证物体相对位置的夹具的特点不尽相同。工业机器人夹具的设计是要满足功能上的要求,应综合考虑下列几个方面,提出设计参数和要求。

(1) 被抓握对象的几何参数和特性。

(2) 物体存储装置。

(3) 机器人作业顺序。

(4) 机器人和手爪的匹配。

(5) 环境条件。

设计要求如下。

(1) 具有足够的夹持力和驱动力。

(2) 保证适当的夹持精度。

(3) 考虑手部自身的大小、形状、机构和运动自由度。

(4) 智能化手部还需要配有相应的传感器。

4.6 工业机器人夹具的发展现状

机器人夹具的质量、被抓取物体的质量及操作力的总和在机器人所容许的负荷力之内。因此,要求机器人夹具体积小、质量轻、结构紧凑。

机器人夹具的万能性与专用性是矛盾的。万能性的夹具在结构上很复杂,甚至很难实现。例如,仿人的万能机器人心灵手巧,至今尚未实用化。目前,能用于生产线上的机器人夹具还是那些结构简单、万能性不强的机器人夹具。

从工业实际应用出发,应着重开发各种专用的、高效率的机器人夹具,加之夹具的快速更换装置,以实现机器人多种作业功能,而不主张用一个万能的夹具去完成多种作业,因为这种万能的执行器结构复杂且造价昂贵。

通用性和万能性是两个概念,万能性是指一机多能,而通用性是指有限的夹具可适用于不同的机器人。这就要求夹具要有标准的机械接口(如凸缘盘),使夹具实现标准化和积木化。

4.7 工业机器人夹具的发展趋势

机器人一词的出现和世界上第一台工业机器人的问世都是近几十年的事。然而人们对机器人的幻想与追求却已有 3 000 多年的历史。人类希望制造一种像人一样的机器,以便代替人类完成各种工作。

西周时期,我国的能工巧匠偃师就研制出了能歌善舞的伶人,这是我国最早记载的机器人。春秋后期，我国著名的木匠鲁班曾制造过一只木鸟，能在空中飞行"三日不下"，体现了我国劳动人民的聪明智慧。后汉三国时期，蜀国丞相诸葛亮成功地创造出了"木牛流马"，并用其运送军粮，支援前方战争。

进入 20 世纪后，一些适用化的机器人相继问世，1927 年美国西屋公司工程师温兹利制造了第一个机器人"电报箱"，并在纽约举行的世界博览会上展出。它是一个电动机器人，装有无线电发报机，可以回答一些问题，但该机器人不能走动。1959 年第一台工业机器人（可编程、圆坐标）在美国诞生，开创了机器人发展的新纪元。

现代机器人的研究始于 20 世纪中期，其技术背景是计算机和自动化的发展，以及原子能的开发利用。美国原子能委员会的阿尔贡研究所于 1947 年开发了遥控机械手，1948 年又开发了机械式的主从机械手。1954 年美国戴沃尔最早提出了工业机器人的概念，并申请了专利。1970 年在美国召开了第一届国际工业机器人学术会议，以后，机器人的研究得到迅速广泛的普及。

1980 年，工业机器人才真正在日本普及，故称该年为"机器人元年"。随后，工业机器人在日本得到了巨大发展，日本也因此而赢得了"机器人王国"的美称。

我国工业机器人起步于 20 世纪 70 年代初期，大致经历了 3 个阶段：70 年代的萌芽期，80 年代的开发期和 90 年代的适用化期。

20 世纪 70 年代是世界科技发展的一个里程碑：人类登上了月球，实现了金星、火星的软着陆。我国也发射了人造卫星。世界上工业机器人应用掀起一个高潮，尤其在日本发展更为迅猛，它补充了日益短缺的劳动力。在这种背景下，我国于 1972 年开始研制自己的工业机器人。

进入 20 世纪 80 年代后，在高技术浪潮的冲击下，随着改革开放的不断深入，我国机器人技术的开发与研究得到了政府的重视与支持。"七五"期间，国家投入资金，对工业机器人及其零部件进行攻关，完成了示教再现式工业机器人成套技术的开发，研制出了喷涂、点焊、弧焊和搬运机器人。1986 年国家高技术研究发展计划（"863"计划）开始实施，智能机器人主题跟踪世界机器人技术的前沿，经过几年的研究，取得了一大批科研成果，成功地研制出了一批特种机器人。

从 20 世纪 90 年代初期起，我国的国民经济进入实现两个根本转变时期，掀起了新一轮的经济体制改革和技术进步热潮，我国的工业机器人又在实践中迈进一大步，并实施了一批机器人应用工程，形成了一批机器人产业化基地，为我国机器人产业的腾飞奠定了基础。图4.14 所示为机器人展示。

图 4.14 机器人展示

应该看到,我国的机器人技术还比较落后,一些高精度的关键零部件还依靠进口。我们作为正处在新时期中国特色社会主义建设时期的大学生,应该培养民族自豪感和责任感,增强担当意识,做中华民族实现复兴的强力助推者。

受益于工业机器人的发展,机器人夹具的重要性越来越被重视。目前的各种机器人夹具,可以实现单一功能,且对力的控制不够精细,不能满足多功能抓取要求。工业机器人夹具将朝着柔性化、智能化、精准化、标准化的方向发展,以适应智能制造的发展需求。

仿人手型夹持器柔性强,其特点是它的机械结构与人手相似,具有多个可独立驱动的关节,如图 4.15 所示。在操作过程中可通过关节的动作使被抓拿物体在空间做有限度的移、转,调整被抓拿物体在空间的位姿。在作业过程中,对提高机器人作业的准确性有利,因此,仿人手型夹持器的应用前景十分广阔。但由于其结构和控制系统非常复杂,目前尚处于发展阶段。

图 4.15　仿人手型夹持器

工业机器人夹具的机构种类较多,其中有些在技术上尚不成熟,有待进一步创新、开发研究。因此,如何提高机器人夹具机构的性能,并从实际需求出发,研制出能满足各种作业要求、实用可靠、结构简单、造价低廉的机器人夹具是我们的主要任务。

项目实施

项目 4 实施单

项目名称	工业机器人夹具 快换装置原理分析	姓名	
小组成员		小组分工	
资料	教材、网络资源	工具	电脑
项目实施			
1. 工业机器人夹具快换装置的作用			
2. 写出快换握爪的夹具侧与机器人侧之间的定位原理			
3. 写出快换握爪的夹具侧与机器人侧之间的锁紧原理			
4. 分别写出快换握爪的夹具侧与机器人侧之间的气路与电路衔接方法 (1)电路衔接方法 (2)气路衔接方法			

机器人快换装置的结构形式多种多样,但其作用均为实现机器人夹具的快速更换。有的场合可以选用市面上现成的快换装置,将机器人夹具固定在快换装置的工具侧进行使用。也可以根据特定使用场合,自行设计快换装置。使用时,通常将快换装置的机器人侧(即握爪)安装在机器人的法兰上,将快换装置的工具侧与机器人夹具合并成为机器人夹具。由于在同一使用场合,可以有若干个机器人夹具,但是握爪只有一个,所以,握爪必须满足同一使用场合下的不同夹具的更换。

本项目给定的一款快换装置为自行设计产品,图4.16 所示三维装配图为机器人夹具与快换握爪的组合体。握爪如图 4.17 所示,机器人夹具如图 4.18 所示。

图 4.16 机器人快换握爪与机器人夹具

图 4.17 机器人握爪

图 4.18 机器人夹具

1. 握爪的组成分析

1) 配电块

握爪左侧设计配电块,内装 9 根带孔导电柱,握爪通过导电柱与机器人夹具之间实现电路的衔接。图 4.19 所示为 DB9 型插头,一端为 9 孔,一端为 9 针,握爪的配电块类似于电缆插头带孔的一端。配电块内 9 根带孔导电柱位置尺寸:导电柱为对称分布,间距为 4 mm,配电块分布区域的中心点距握爪中心距离为 48 mm,如图 4.20 所示。

图 4.19 DB9 型插头

图 4.20 配电块内 9 根带孔导电柱

2）配气块

握爪右侧设计配气块。机器人夹具所需的气源（正压或负压空气）从此处供给机器人夹具，实现握爪与机器人夹具之间气路的衔接。

配气块内部设计两路气孔，位置与机器人夹具上的气孔相对应，如图 4.21 所示。

图 4.21　握爪配气块

2 个气孔之间的距离为 12 mm，并对称分布于快换装置的前后对称线；2 个气孔的中心连线与拉钉中心的距离为 48 mm。此尺寸在设计机器人夹具时，需要注意。

3）钢球定位套

握爪内部有钢球定位套，用于夹紧机器人夹具上方的拉钉，进行机器人夹具的抓取。握爪顶部设计有控制夹紧机器人夹具拉钉的进气管接头。握爪夹紧拉钉的工作原理：握爪内部有一钢球定位套，通过握爪内的钢球控制机构，使钢球处于内收的状态，当高压空气从握爪的进气口进入握爪时，钢球向外移动，此时，拉钉可以进入钢球定位套内，截断握爪高压气源后，钢球被握爪内的钢球控制机构向内推动，卡住拉钉的槽内，从而夹紧拉钉。当高压空气引入握爪后，放松拉钉。图 4.22 所示为钢球定位套与钢球，图 4.23 所示上方为拉钉。

图 4.22　钢球定位套

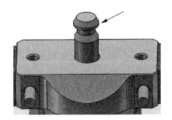

图 4.23　拉钉

4）握爪控制

控制握爪夹紧与放松夹具的机构，由活动楔形套、弹簧等组成，如图 4.24 所示。

当握爪内没有正压空气通入时，弹簧将活动楔形套向上顶着，活动楔形套内的斜楔面将钢球向内压，卡住拉钉上的环槽，从而夹紧夹具。当正压空气通入握爪内时，空气压力将活动楔形套向下压，使楔形套克服弹簧阻力向下移动，楔形套内的斜楔面使钢球松开，此时可将拉钉拔出，从而松开夹具。

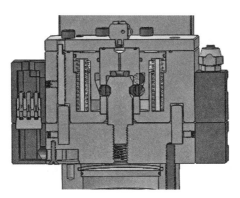

图4.24 拉钉的夹紧与放松原理

当高压空气引入握爪内时,与钢球外侧接触的零件,在高压空气的作用下向下运动,此时钢球向外侧挤压,从而放松拉钉;当高压空气未引入握爪内时,与钢球外侧接触的零件,在弹簧的作用下向上运动,通过斜面将钢球向内侧挤压,从而夹紧拉钉。

综上所述,握爪具有夹紧与放松机器人夹具、与机器人夹具进行电路和气路的衔接等作用。图4.25所示为握爪的结构组成图。

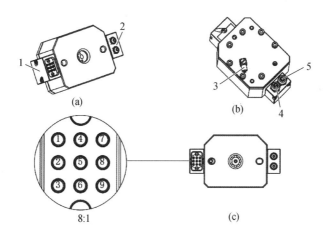

1—配电块;2—配气块;3—进气孔;4—配气快左气口;5—配气快右气口

图4.25 握爪结构组成

2. 握爪连接件结构分析

握爪背面安装机器人连接件,与机器人手臂上的法兰盘连接。机器人连接件如图4.26所示。握爪下平面有2个定位销,位置与机器人夹具定位孔对应(当机器人夹具上安装有定位销时,则将握爪上的定位销取下)。2个定位销之间的距离为60 mm,如图4.27所示。

图 4.26　机器人连接件

图 4.27　定位销

3. 定位原理分析

为保证机器人夹具与握爪之间的精确定位,相对于握爪,需要限制机器人夹具的 6 个自由度。定位的方法:在握爪的下平面,安装有 2 个定位销,在机器人夹具的上平面,有 2 个定位孔。通过 2 个定位销和相互接触平面,即"一面两销"进行定位。

定位原理分析:

相互接触平面限制了 $\hat{X}$,$\hat{Y}$,$\vec{Z}$;定位销 1 限制了 $\vec{X}$,$\vec{Y}$;定位销 2 限制了 $\vec{X}$,$\vec{Y}$。

$\vec{X}$,$\vec{Y}$ 2 个自由度被重复限制了,按照准则分析,实际参与定位先、后分不出,假设销 1 首先对 $\vec{X}$,$\vec{Y}$ 进行限位,销 2 为次参定位元件,限制了 $\vec{X}$,$\hat{Z}$。

综合定位结果为限制了 $\vec{X}$,$\vec{Y}$,$\vec{Z}$,$\hat{X}$,$\hat{Y}$,$\hat{Z}$ 6 个自由度,且 $\vec{X}$ 重复限制。

 思考与练习

1. 工业机器人夹具的定义是什么?
2. 工业机器人夹具按照工作动力源划分,有哪些种类?
3. 工业机器人夹具具有什么样的特点?
4. 工业机器人夹具与机器人之间的连接方式有哪几种?
5. 机器人工具快换装置的功能是什么?
6. 工业机器人夹具的发展趋势是什么?

【微信扫码】
参考答案

应用篇

项目 5　圆柱体工件气动三爪手指快换夹具设计

学习目标

知识目标：

(1) 能查阅资料，选取气动手指。

(2) 能进行气动式机器人夹具的总体方案设计。

(3) 能进行关键件的设计。

能力目标：

(1) 能查阅资料，了解气动手指的结构与特性，并进行选取。

(2) 能分析"抓取"对象的特点，进行机器人夹具的方案设计。

项目描述

数控车床加工某工件为圆柱体，直径和长度尺寸大小为 φ15 mm×80 mm，材料为 45 号钢。加工时由机器人进行上料。设计该工件的机器人夹具，并可通过机器人快换工具进行夹具的更换。

【微信扫码】
三爪快换
手爪视频

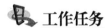
工作任务

(1) 工件夹持特点与夹持方案分析。

(2) 设计气动手指机器人夹具总体方案。

(3) 选择气动手指。

(4) 设计夹具零件。

项目引导

(1) 夹具的方案与所夹持对象的形状、材质、重量等有关。

φ5 mm 钢球的夹取方式：_____

_____

_____。

φ500 mm 钢球的夹取方式：_____

_____

_____。

【微信扫码】
项目引导

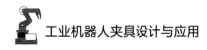

（2）圆柱形气动手指有两爪、三爪、四爪之分。将使用这几种手指气缸的特点填入下表。

气动手指	特点
两爪	
三爪	
四爪	

（3）ϕ50 mm×80 mm 的圆柱形、45♯钢质工件，可以采用哪些夹持方式？

方案 1：_____。

方案示意图：

方案 2：_____。

方案示意图：

（4）圆柱形气动手指的型号的表达方式：_____。

圆柱形气动手指的主要工作参数：_____。

（5）圆柱形气动手指的选取过程：_____

_____

_____

_____。

（6）拟定本项目夹具的总体方案（采用图形与文字的方式）。

（7）将夹具中控制气动手指张开和夹紧的气流路径填入下表。

气动手指	气流路径
张开	
夹紧	

（8）气动手指张开和夹紧时的位置信号是如何传递到机器人的？

 知识学习

气动手指又名气动夹爪或手指气缸，是利用压缩空气作为动力，用来夹取或抓取工件的一种执行装置。其主要作用是用来抓取工件，可有效地提高生产效率及工作的安全性。气动手指是工业领域中最常用的气装置之一。

根据手指的运动方式，气动手指通常可分为摆动手指（Y 型手指）和平行手指，如图 5.1 所示。

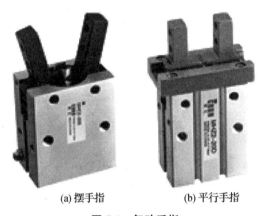

(a) 摆手指　　　　　(b) 平行手指

图 5.1　气动手指

对于平行手指，缸体有长方形和圆柱形之分。圆柱形气动手指又称圆柱形手指气缸或圆柱形手爪气缸，如图 5.2 所示。气动手指由缸体、活塞、卡爪等组成，如图 5.3 所示。

图 5.2　圆柱形气动手指　　　　**图 5.3　圆柱形气动手指结构**

1. 圆柱形气动手指工作原理

高压气体通过管路进入圆柱形气动手指的气缸，推动活塞沿轴向运动，活塞与活塞杆相连接，活塞杆与斜楔相连接，从而使活塞通过活塞杆带动斜楔沿轴向运动，斜楔与手指为 T

型槽斜面连接,并使手指沿径向运动,从而控制夹爪进行平行开闭运动,达到对工件进行夹紧与松开。

2. 圆柱形气动手指的型号

以某公司产生的圆柱形气动手指为例,其型号表示方法为

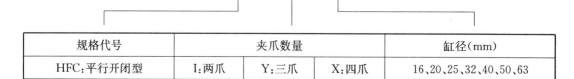

规格代号	夹爪数量			缸径(mm)
HFC:平行开闭型	I:两爪	Y:三爪	X:四爪	16、20、25、32、40、50、63

如型号为 HFCY40 的圆柱形气动手指为缸径为 40 mm 的使用平行开闭型三爪气动手指。

使用平行开闭型手指夹持工件时,二爪手指夹持力分布在对称的两点或两条直线上,适用于夹持具有两个对称平面的工件。三爪指夹持力分布在圆周均布的三点或三条直线上,具有自定心的特点,适用于圆柱形、正三边形、正六边形等工件的夹持。四爪指夹持力分布在圆周均布的四点或四条直线上,适用于正四边形、正八边形等工件的夹持。

3. 气动手指的工作参数

某公司生产的三爪圆柱形气动手指的夹持力与行程参数见表5.1。

表5.1 夹持力与行程

型号		单个手指夹持力有效值(N)		开闭行程(mm)
		张开夹持力	闭合夹持力	
三爪	HFC16	16	14	4
	HFC20	28	25	4
	HFC25	47	42	6
	HFC32	82	74	8
	HFC40	130	118	8
	HFC50	204	187	12
	HFC63	359	335	16

注:表中的夹持力是在气压为 0.5 MPa 时的值。

圆柱形气动手指的工作环境见表5.2。

表5.2 工作环境

内径(mm)	16	20	25	32	40	50	63
动作型式	复动型						
工作介质	空气						
使用压力范围(MPa)	0.2~0.7			0.15~0.7			
接管口径(mm)	M3×0.5		M5×0.8				

![项目实施图标] 项目实施

项目 5 实施单

项目名称	圆柱体工件气动 三爪手指快换夹具设计	姓名	
小组成员		小组分工	
资料	教材、网络资源、 气缸资料、机械设计手册	工具	电脑、CAD 绘图软件
项目实施			
1. 圆柱体工件的结构特点与夹持方案分析			
2. 画出三爪手指快换夹具的总体方案图			
3. 写出三爪手指夹爪张开与夹紧的位置检测开关电线通道路径			
4. 写出控制三爪手指夹爪张开与夹紧的气路路径			
5. 选取的气动三爪手指的型号			
6. 写出设计的夹具零件名称			

1. 总体设计

1）工件特点与夹持方案分析

工件为圆柱形,材质为钢件,形状规准,强度较大。应用场景为通过机器人对车床进行上料,此类工件一般可以使用气动手指或液压手指夹持工件的圆柱部分。由于此工件的尺寸较小,重量轻,此种情况下,可以使用气动手指,设计夹爪安装在手指上。夹持外圆的气动手指应选择平行开合型,手指的数量可以考虑两个手指和三个手指。使用两个手指夹持圆柱形面时,手指与外圆为两条线接触,夹持不可靠,为增加夹持的可靠性,需要根据夹持的外圆直径大小,在手指上安装圆弧形夹爪,此时夹爪为专用型的,当夹持不同直径的工件时,需要更换夹爪,由此可见,采用两个手指夹持外圆的方法,夹爪通用性不强。此夹具选用三指平行手指,以适应直径在一定范围内的圆柱的夹持,增强夹具的通用性,如图 5.4 所示。

图 5.4 三指平行气缸

2）三指气缸的控制

三指气缸通过两个气口控制内部活塞的运动,从而控制三指气缸滑块的张开与闭合。

在三指气缸的顶部和侧面,分别设计一对气口,用户可以使用顶部的一对气口,也可以使用侧面的一对气口。本夹具选用三指气缸顶部的一对气口对三指进行控制,如

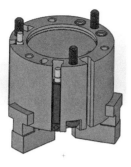

图 5.5　气缸气口位置

图 5.5 所示。

3）夹具结构原理

夹具设计如图 5.6 所示。根据工件形状，选用三指气动手指，安装在机器人连接板上，另外设计的夹爪与气缸手指固定安装。

夹具的机器人连接板上通过螺纹连接有拉钉，以便由快换工具抓取拉钉进行夹具的自动抓取与存放。在自动更换夹具时，夹具需要与快换工具之间进行定位，故在机器人连接板上固定安装两个定位销，定位销的直径和距离位置根据快换工具的相应尺寸和距离进行确定。

机器人连接板左侧安装电连接块，将手指松开与夹紧的传感器信号连接到电连接块，电连接块与快换工具进行配合时，通过电连接块将传感器信号传递给控制系统。传感器安装在缸体左侧的长槽内，如图 5.7 所示。

右端安装气连接块，控制手指运动的气路：气连接块内设计有两个气孔，机器人连接板内也设计两个气孔，气连接块与机器人连接板两个零件中的气孔之间相互接通，并与三爪气缸顶部的一对气口相接通，形成气路，如图 5.8 所示。气连接块与快换工具进行配合时，气连接块上方的两个气口与快换工具的气路相通。

图 5.6　夹具结构

图 5.7　电连接块

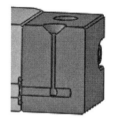

图 5.8　气连接块

2. 气动手指选取

该夹具选用三爪气动手指。其型号需要通过计算进行选择。

1）气动手指型号初选

气动手指需要满足夹持力的要求。

根据加工重量，初步选择气动手爪的重量。

最大抓大工件的尺寸为 $\phi 15\ \text{mm} \times 80\ \text{mm}$，材料为 45 号钢。其体积为

$$V = (3.14 \times 0.75^2 \times 8) = 14.13\ (\text{cm}^3)$$

重量为 $G = V \times 7.8 \times 9.8 \times 10^{-3} = 1.08\ (\text{N})$

手指进行可靠抓取的条件为

$$F = \frac{G}{Nu} A$$

式中：F——夹紧力；

$\quad\ \ G$——工件重量；

μ——工件与夹爪的摩擦系数,钢与钢之间在无润滑的情况下,静滑动摩擦系数取 0.15;

A——安全系数,取 $A=4$。

$$F=\frac{1.08}{3\times 0.15}\times 4=9.6(\text{N})$$

根据表 5.1,初步选择型号为 HYCY16 气动手指,闭合夹紧力为 14 N。

2)根据所选气动手指工作参数,核对夹持范围

根据手指夹紧力,初步选择的气动手指型号为 HYCY16,可以满足工件夹紧力的要求。查看表 5.1 可知,其手指开闭行程为 4 mm,即最大夹持工件的直径为 $\phi 8$ mm,不能夹持直径为 $\phi 15$ mm 的工件,故需要在满足夹持力的基础上,重新选择。现选取型号为 HYCY40 的气动手指,其手指闭合行程为 8 mm,可夹持工件的最大直径为 16 mm。

3)气动手指尺寸

HYC 三爪气动手指的尺寸如图 5.9 所示。

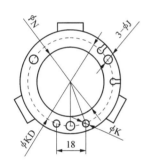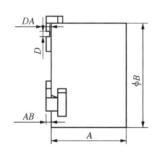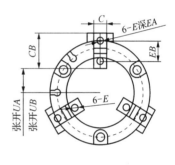

图 5.9 HYC 三爪气动手指尺寸

HYC 三爪气动手指的尺寸如表 5.3 所示。

表 5.3 HYC 三爪气动手指尺寸(mm)

型号	A	AB	B	C	CB	D	DA	E	EA	EB	N	K	KD	J	UA	UB
HFCY16	35	3	30	5	10	$2^{+0.04}_{+0.01}$	2	M3	5	6	17	2	12.5	3.4	7	5
HFCY20	39	3	36	6	12	$2^{+0.04}_{+0.01}$	2	M3	5	7	21	2	14.5	3.4	8	6
HFCY25	41	3	42	6	14	$2^{+0.04}_{+0.01}$	2	M3	5	8	26	3	17	4.5	10	7
HFCY32	45	3	52	8	20	$2^{+0.04}_{+0.01}$	2	M4	8	11	34	3	22	4.5	12	8
HFCY40	49	3	62	8	21	$3^{+0.04}_{+0.01}$	2	M4	8	12	42	4	26.5	5.5	14	10
HFCY50	57	3	70	10	24	$4^{+0.04}_{+0.01}$	2	M5	9	14	52	4	31	5.5	17	11
HFCY63	68	4	86	12	28	$6^{+0.04}_{+0.01}$	2	M5	9	17	65	5	38	6.6	23	15

由表 5.3 可知,HFCY40 三爪手指缸体外圆直径为 $\phi 62$ mm,手指长度 $CB=21$ mm,宽度 $C=8$ mm,安装夹爪的螺纹孔 $E=$M4,两个螺纹孔之间的距离 $EB=12$ mm。

3. 零件设计

1)机器人连接板设计

机器人连接板上平面安装拉钉和定位销,左侧安装电连接块,右侧安装气连接块,下方

安装气动手指。

机器人连接板中间部分为圆形,如图 5.10 所示。圆形直径按照气动手指外圆大小进行设计,即 φ62 mm,总长度设计为 80 mm,宽度设计为 40 mm,厚度设计为 20 mm。

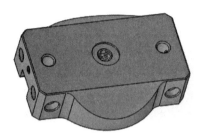

图 5.10　机器人连接板

机器人连接板右端 2－M3 用于连接气连接块,位置尺寸 23 mm 与 8 mm 根据连接板宽度 40 mm、气连接块定位孔 φ6.5 mm、气孔 2－φ4 mm 及其沉孔 φ7 mm 的间距 16 mm 进行合理布局而确定。2－φ4 mm 的作用是用于通气,并与底部右侧的两个孔 2－φ3 mm 相通,如图 5.11 所示。孔 2－φ3 mm 的位置为 φ53 mm 和 18 mm,此位置尺寸为圆柱形气动手指顶部的两个孔位置尺寸。

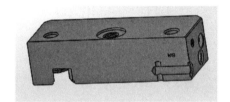

图 5.11　贯通气孔

机器人连接板左端 2－M3 螺纹孔用于连接电连接块,位置尺寸 23 mm 与 8 mm 与电连接块上的螺纹孔位置一致,使电连接块与气连接块在外形上对称一致。左侧底部开设有 Y 形的圆弧槽,其作用是为了使安装在缸体上的位置信号导线可以经过此处,到达电连接块内。位置信号为手指张开和闭合的两个位置信号,每个信号有两根 0.5 mm 的导线,Y 形的圆弧槽宽为 7.5 mm,可以通过这四根线缆。如图 5.12 所示。

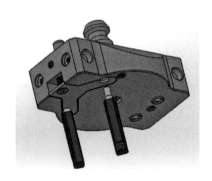

图 5.12　左下侧 Y 型槽

机器人连接板的设计如图 5.13 所示。

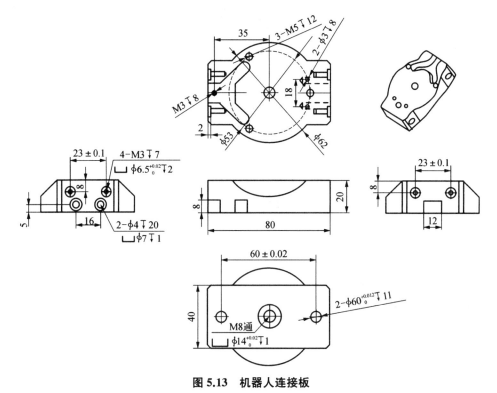

图 5.13 机器人连接板

设计时,需要使用内六角螺栓。内六角螺栓的尺寸由国家标准 GB 70—1985 规定。螺栓尺寸的头部直径与高度如表 5.4 所示。

表 5.4 螺栓尺寸

螺栓规格	螺栓头直径(mm)	螺栓头高度(mm)
M3	5.5	3
M4	7	4
M5	8.5	5

职业素养

一台设备、一个部件、一种装置,包含若干个零件,每个零件既是独立的个体,又相互连接成机械部件。如螺栓、螺母,它们结构简单,功能单一,看似微不足道,却是机械整体不可或缺的一部分,起着十分重要的作用。

在我们日常生活中,比如家电、电脑、自行车、建筑物等,都会用上各种各样的螺丝,螺栓、螺母随处可见,是极其具有代表性的机械要素。通过螺栓、螺母进行拧紧,可以使两个部件紧紧地连接在一起,且在需要分离两个部件时,也极为方便。螺栓、螺母的尺寸虽小,但是在结构中,默默承受着巨大的拉力和剪切力,保证了整个结构的稳定,发挥着结构的作用。这就是"螺丝钉精神"。

每个历史时代都需要造就属于自己时代的社会新人。习近平总书记在党的十九大报告中,提出了"培养担当民族复兴大任的时代新人"的重大战略命题。要实现中华民族伟大复兴这个时代梦想,每个个体都是梦想的建造者,在各自的岗位上守好岗,甘当中华民族伟大复兴梦想的螺丝钉,是时代赋予我们的责任。

2) 气连接块设计

气连接块安装在机器人连接板的右侧,2-φ4 mm 为 M3 螺栓通孔,沉孔直径为 φ7 mm,沉孔深度为 3 mm,如图 5.14 所示。2-φ2 mm 为气孔,间距为 12 mm,距离机器人连接板安装面的距离为 8 mm,保证与夹具拉钉中心的距离为 48 mm(机器人连接板长度 80÷2+8=48),此位置尺寸根据快换工具上的气路位置确定,不能改变。该两个孔的深度为 17 mm,与两个水平孔 2-φ3 mm 相通,如图 5.15 所示,此深度值太小,则不能与 2-φ3 mm 相通,如果太大,则有可能被打穿而漏气,2-φ3 左右间距为 16 mm,此间距值与机器人连接板右侧的两个孔 2-φ4 的间距一致,两个孔的深度为 10 mm。

图 5.14 螺栓孔

图 5.15 气路

图 5.16 定位凸圆

气连接块与机器人连接板进行装配后,必须保证气连接块上的 2-φ2 mm 气孔与拉钉之间相对位置精确且运行可靠,为此,通过两个凸圆 2-φ6.5 mm 与气连接块左侧面,构成"一面两销"定位,与机器人连接板进行定位,如图 5.16 所示。凸圆中心线与 2-φ4 mm 螺栓孔同心,同时对凸圆直径加以公差的限制,减小与定位孔之间的配合间隙,保证定位精度,避免气连接块与机器人连接板之间产生相对移动,提高可靠性。

气连接块设计如图 5.17 所示。

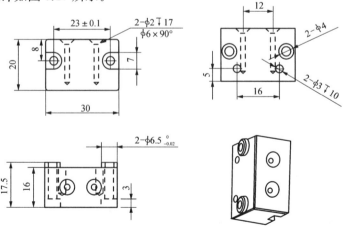

图 5.17 气连接块设计图

3) 夹爪设计

气缸上有三个手指,需要设计三个夹爪与手指连接,用于夹持工件。

夹爪的设计如图 5.18 所示。

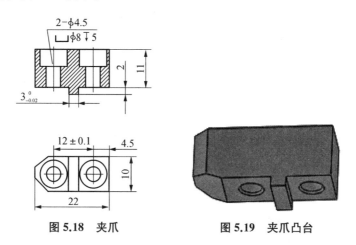

图 5.18 夹爪   图 5.19 夹爪凸台

HFCY40 三爪手指的长度 $CB=21$ mm,宽度 $C=8$ mm,安装夹爪的螺纹孔 $E=$M4,两个螺纹孔之间的距离 $EB=12$ mm。滑块上有一个宽度为 3 mm 的横槽,深度为 2 mm,该槽宽度有公差要求,上偏差为+0.04,下偏差为+0.01;深度的公差为+0.2。这个横槽用于和夹爪进行配合,保证夹爪与手指之间沿手指移动方向没有相对移动,从而保持夹爪的夹持直径精度。

设计时,夹爪的总长度略长于手指的长度 CB,取 22 mm。手指与夹爪的安装螺螺纹孔为 M4。根据 M4 螺栓的尺寸,沉头孔设计为 $\phi8$ mm,并据此数值确定夹爪的宽度为 10 mm。为使螺栓头不凸出于手指的上表面,且保证夹爪足够的强度,夹爪总厚度为 11 mm。夹爪上两个螺纹孔之间的距离为 EB,为 12 mm。

夹爪下平面凸台宽度按照手指上的凹槽进行设计,宽度为 3 mm。凸台的宽度有公差限制,与手指凹槽配合,保证夹爪与手指的定位精度,如图 5.19 所示。定位理论依据为"一面两销"定位,限制夹爪的 3 个旋转方向和 2 个移动方向的自由度,1 个未限制的自由度,不影响夹爪的夹持精度。

4. 三爪手指气路与电信号的传递

三爪手指内部的气路如图 5.20 所示。气连接块的左气口和手指的气缸上腔相通,气连接块的右气口和手指的气缸下腔相通。所以,高压空气通入右气口且左气口与大气相通时,活塞上移,手指夹紧;反之则手指松开。

三爪手指上可安装两个行程开关,用于检测手指夹紧到位与松开到位的情况。行程开关安装位置如图 5.21 所示。

图 5.20　三爪手指气路　　图 5.21　三爪手指放松、夹紧检测开关

图 5.22 所示为握爪配电块与配气块示意图。

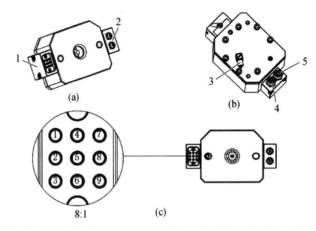

1—配电块；2—配气块；3—握爪夹紧与放松气口；4—配气块左气口；5—配气块右气口

图 5.22　握爪配电块与配气块

　　夹具的夹紧与放松信号通过夹具的电连接块，传递到机器人握爪上的配电块接线脚。握爪配电块内有 9 个接线脚，与夹具的电连接块 9 个接线脚一一对应。在夹具内，夹紧到位的信号连接到 4# 与 3# 脚号，放松到位的信号连接到 6# 与 3# 脚号。3# 脚号为 0 V 电源公共端。握爪配电块脚号定义见表 5.5。

表 5.5　配电块脚号定义

脚号	1#	2#	3#	4#	5#	6#	7#	8#	9#
定义			0 V	夹紧到位		放松到位			
线缆颜色	绿	黑	红	黄	白	棕			

5. 夹具实物

夹具实物如图 5.23 所示。

图 5.23 夹具实物

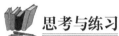 **思考与练习**

1. 根据手指的运动方式,气动手指有哪些种类?
2. 气动手指型号的选择过程有哪几个步骤?
3. 气连接块与机器人连接板之间的定位原理是什么?
4. 夹爪与手指之间的定位原理是什么?
5. 本项目夹具中,控制手指的气路通道是怎样形成的?

【微信扫码】
参考答案

项目 6　鼠标气动快换夹具设计

 学习目标

知识目标：

(1) 能查阅资料,选取柔性手指等夹持气动元件。

(2) 能进行气动式机器人夹具的总体方案设计。

(3) 能进行关键件的设计。

能力目标：

(1) 能分析"抓取"对象的特点,拟定机器人夹具方案。

(2) 能查阅资料,了解柔性手指的结构与特性,并进行选取。

(3) 能设计鼠标机器人夹具。

项目描述

某型号的计算机鼠标,形状和外形尺寸(单位:mm)如图 6.1 所示,重量为 200 g。设计该鼠标的机器人快换夹具。

【微信扫码】
仿生快换
手爪视频

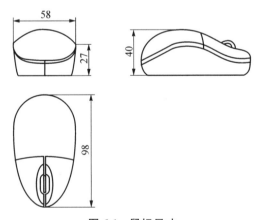

图 6.1　鼠标尺寸

工作任务

(1) 工件夹持特点与夹持方案分析。

(2) 设计鼠标机器人夹具总体方案。

(3) 选择柔性手指。

(4) 设计夹具零件。

 项目引导

【微信扫码】
项目引导

(1) 可以采用哪些方式对鼠标进行抓取?

方案 1: _____。

方案示意图:

方案 2: _____。

方案示意图:

(2) 柔性手指的特点: _____

_____

_____。

(3) 柔性手指的型号的表达方式。

(4) 柔性手指的夹持力与哪些因素有关?

_____

_____

_____

_____。

(5) 柔性手指的选取方法。

指宽选择方法: _____

_____

_____。

手指长度选择方法: _____

_____

_____。

手指形状选择方法: _____

_____

(6) 本项目夹具总体结构组成描述(采用图形与文字的方式)。

(7) 将夹具中控制气动手指张开和夹紧的气流路径填入下表。

气动手指	气流路径
张开	
夹紧	

知识学习

柔性手指具有仿生学结构设计,可包覆式夹取,使得仿生手指对抓取对象的形状具有厘米级的自适应能力,如图 6.2 所示。

图 6.2 柔性手指应用

柔性手指可以用于工厂中小批量、多批次的柔性生产线。柔性手指最快开合速度 300 次/分钟,最高重复定位精度 0.05 mm,最大负荷可达 9 kg。柔性手指采用纯柔性材料制成,无刚性骨架,夹持力度可调,应对易伤易碎的产品,不会夹伤夹坏的同时还能避免表面产生划痕,对操作人员的安全性也有保障。

1. 应用案例

柔性手指具有阻燃、耐酸碱、耐油等特点,耐高温可达 280℃。典型的柔性手指应用场所如下。

(1) 3C 电子行业:适用于精密电子仪器的高精度插拔,以及对手机等相关配件、电路板、硅片、薄玻璃等工件的组装、分拣、测试、包装等工序。

(2) 食品行业:食品级材料安全无毒,可直接接触食品本身,适用于不规则真空包装食品、奶制品、面团糕点等分拣包装。

2. 控制原理

柔性手指采用气压驱动技术,通过正负压切换,实现柔性手指的张开和闭合动作,如图6.3 所示。通过调节空气压强来控制手爪的夹紧力度与开合角度,实现对不同物体的柔性抓取,同时避免夹伤物件。

图 6.3　柔性手指的控制原理

3. 柔性手指模块的组成

柔性手指模块由柔性手指和手指固定模块组成。

1）柔性手指

（1）柔性手指的款式划分

柔性手指按照宽度划分为 A、B、C 三种款式。手指长度按照手指的节数进行划分,最少的手指有 3 节,最多 8 节,如图 6.4 所示。

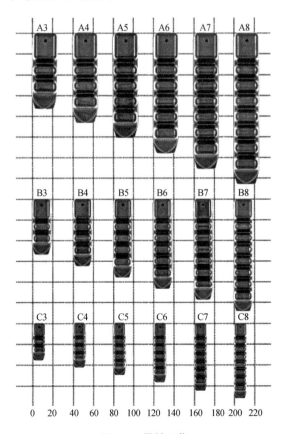

图 6.4　柔性手指

（2）柔性手指的形状

柔性手指的形状分为标准形状和特制形状，如表 6.1 所示。用户可以根据所抓取对象的特性加以选择。

表 6.1　柔性手指的形状

指面形状		特性	形状
标准形状	LS1	平头横纹，通用性好，耐磨，适用于食品、金属、塑料等粗糙工件表面	
特制形状	LF1	平头平底，干燥光滑表面，柔性食品	
	FS3	唇头波纹，适用于柔性面料类产品	
	LS8	楔形齿纹，适用于钣金件、平板玻璃、PCB 板、车灯等板材	

2）固定模块

固定模块用于安装手指，分为 V1、V2、V3、V4、V5 五种，其中 V5 固定模块的结构如图 6.5 所示。

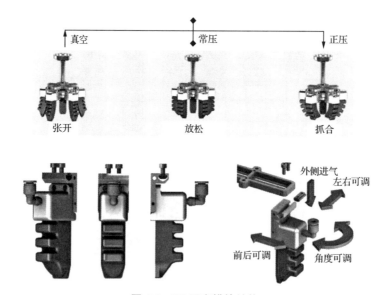

图 6.5　V5 固定模块结构

该模块采用滑槽螺母固定，与滑移安装板配合安装时，可以分别调节前后、左右及旋转 3 个自由度。安装螺栓大小为 M3，进气接头安装在手指背面。

3）手指模块型号及结构尺寸

将手指和固定模块相互装配后，称为手指模块。以某公司生产的柔性手指模块为例，手指模块型号的表达方式如图 6.6 所示。

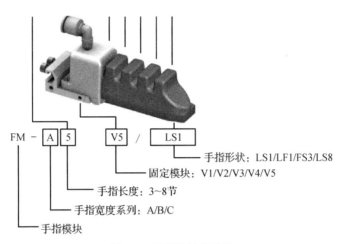

图 6.6　手指模块的型号

（1）结构尺寸

柔性手指共有 A、B、C 三种款式，手指节数有 3～8 节，手指的宽度和长度尺寸与手指款式和节数有关，如表 6.2 所示。

表 6.2　柔性手指尺寸（mm）

	3 节	4 节	5 节	6 节	7 节	8 节	指宽
款型	A3	A4	A5	A6	A7	A8	A 款 24
指长	41	55	69	83	97	111	
款型	B3	B4	B5	B6	B7	B8	B 款 18
指长	31	41.5	52	62.5	73	83.5	
款型	C3	C4	C5	C6	C7	C8	C 款 12
指长	21	28	35	42	49	56	

V5 固定模块安装手指后的结构尺寸参数如图 6.7 所示。

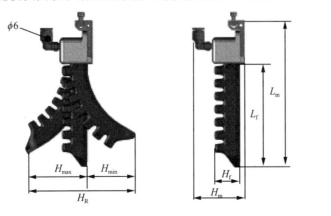

图 6.7　V5 手指模块结构尺寸

V5 手指模块结构尺寸如表 6.3 所示。

表 6.3　V5 手指模块结构尺寸(mm)

手指尺码	模块型号	指尖行程 H_R	负压行程 H_{max}	正压行程 H_{min}	模块高度 H_m	手指高度 H_f	模块长度 L_m	手指长度 L_f	模块宽度 W_m	手指宽度 W_f	自重 (g)	安全工作气压 (kPa)
A3	A3V5	16.5	8	8.5	58	28	88	41	31	24	76	120
A4	A4V5	27	10	17	58	28	102	55	31	24	83	120
A5	A5V5	43.5	19	24.5	58	28	116	69	31	24	90	120
A6	A6V5	72	33	39	58	28	130	83	31	24	97	120
A7	A7V5	90	39	51	58	28	144	97	31	24	104	120
A8	A8V5	109	45	64	58	28	158	111	31	24	111	120
B3	B3V5	19	10	9	51	21	71	31	25	18	44	120
B4	B4V5	29	13	16	51	21	82	41.5	25	18	48	120
B5	B5V5	40	16	24	51	21	92	52	25	18	52	120
B6	B6V5	53	23	30	51	21	103	62.5	25	18	56	120
B7	B7V5	75	30	45	51	21	113	73	25	18	60	120
B8	B8V5	98	37	61	51	21	124	83.5	25	18	64	120
C3	C3V5	10.5	5	5.5	44	14	53	21	18	12	28	120
C4	C4V5	20	9	11	44	14	60	28	18	12	28	120
C5	C5V5	27	12	15	44	14	67	35	18	12	29	120
C6	C6V5	42	20	22	44	14	74	42	18	12	30	120
C7	C7V5	63	29	34	44	14	81	49	18	12	31	120
C8	C8V5	80	38	42	44	14	88	56	18	12	32	120

说明:
负压行程 H_{max}:工作压强为 -80 kPa。
正压行程 H_{min}:常规型指型,工作压强为 100 kPa。

(2)手指夹持力的调节和计算方式

手指模块充气时,向内弯曲,接触夹持工件时产生水平夹持力 F_G。

通常情况下,手指模块夹持力大小主要与手指宽度、手指节数、工作气压、手指弹性变形量有关。另外,手指材质、工件形状、手指指面形状、指尖包覆长度对手指夹持力有一定影响。

以 FM-A5 手指模块(常规材质)不同工况下夹取方形工件为例,工件宽度 $W=80$ mm,指尖包裹长度 $L_G=20$ mm,如图 6.8 所示,图中 D_n 为常压时指间距。

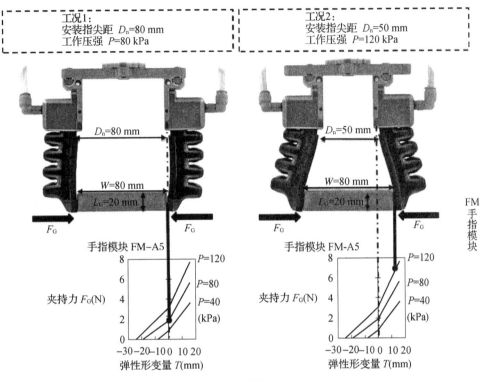

图 6.8 夹持力

A、B、C 三种手指的夹持力与气压、手指宽度、手指节数、手指弹性变形量之间的曲线关系如图 6.9～图 6.11 所示。图中 F_G 为夹持力，T 为手指弹性变形量。

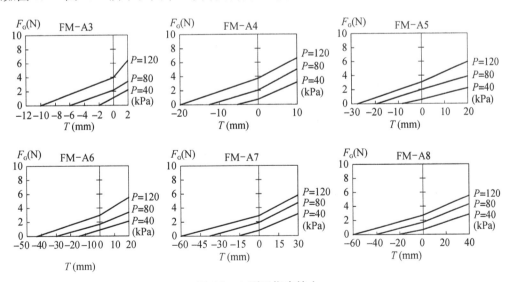

图 6.9 A 型手指夹持力

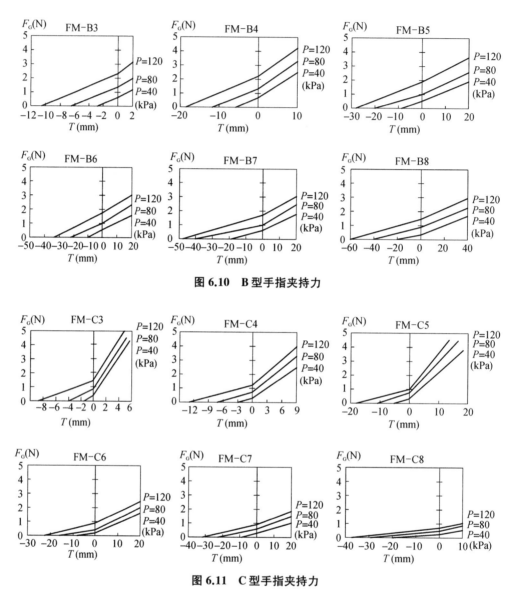

图 6.10 B 型手指夹持力

图 6.11 C 型手指夹持力

图 6.9～图 6.11 所示手指材质为常规型。采用方形工件，手指指面形状为 LS1。

指尖部分与工件接触，指尖包覆长度：A 款 $L_G = 20$ mm，B 款 $L_G = 15$ mm，C 款 $L_G = 10$ mm。在其他情况下，数值会有所不同。

项目实施

项目 6 实施单

项目名称	鼠标气动快换夹具设计	姓名	
小组成员		小组分工	
资料	教材、柔性手指资料、 网络资源、机械设计手册	工具	电脑、CAD 绘图软件
项目实施			
1. 鼠标的结构特点与夹持方案分析			
2. 画出鼠标气动快换夹具的总体方案图			
3. 选取的气动柔性手指的型号			
4. 写出控制柔性手指张开与夹紧的气路路径			
5. 写出设计的夹具零件名称			

1. 总体设计

1）鼠标特点与夹持方案分析

所需夹持的鼠标为异形件，鼠标的总长度为 98 mm，最大处宽度为 58 mm，高度为 40 mm，外形轮廓为圆弧状和斜面，材质为普通塑料，结构刚性差。鼠标示意图见项目描述。

由于鼠标表面不规则，采用常用的刚性手爪夹持时，手爪和鼠标之间都为点接触，容易在鼠标上产生夹持痕迹，无法满足抓取的要求。

柔性手指具有柔性，可以避免夹伤物件。基于这一特点，鼠标的机器人夹具采用柔性手指作为鼠标的抓取元件。

2）夹具结构原理

鼠标夹具采用柔性手指作为执行元件，夹具设计如图 6.12 所示。

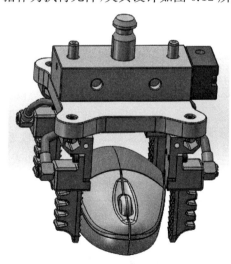

图 6.12　鼠标夹具

　　机器人连接板上通过螺纹连接有拉钉,以便由快换工具抓取拉钉进行夹具的自动抓取与存放。在自动更换夹具时,夹具需要与快换工具之间进行定位,故在机器人连接板上固定安装两个定位销,定位销的直径和距离位置根据快换工具的相应距离进行确定。

　　在机器人连接板下方,固定连接手指固定模块,用于安装四个手指模块。在机器人连接板的右侧安装气连接块。手指模块采用正压控制,当指连接块处于自然状态下,四个手指所形成的空间内,可以容纳鼠标,此时手爪与鼠标不接触。当手指模块在正压控制下,向内弯曲,夹持鼠标。当正压消失时,手指模块恢复初始状态,释放鼠标。

　　气动连接块、机器人连接板和手指固定模块上均设有气孔,并且相互贯通,形成气路通道,以便将高压空气从气连接块上方引到四个手指内,如图 6.13 所示。

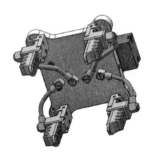

图 6.13　气路通道

2. 柔性手指的选取

　　柔性手指模块的选取,在确定常规型手指材质和 LS1 手指指面形状(标准形状)的情况下,选取手指宽和手指长度。

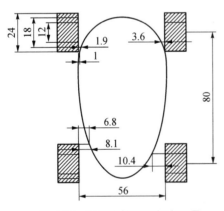

图 6.14　手指夹持位置与变形量

1) 手指位置的确定

　　根据鼠标的轮廓形状,四个相同的手指夹持点设在鼠标的两头,当手指夹持时,夹持力的方向均指向鼠标中心方向,从而可以限制鼠标前后移动的自由度,可靠地对鼠标进行夹持。

　　鼠标的总长度为 98 mm,将两对手指的中心位置之间的距离设为 80 mm,由于手指宽度有 24 mm(A型)、18 mm(B 型)、12 mm(C 型)三种,为使最宽的手指在初始状态时不会与鼠标产生干涉,取左右手指内侧之间的距离为 56 mm。四个手指按照此位置布局,夹取鼠标时,四个手指的变形如图 6.14 所示。

　　当夹持鼠标时,A、B、C 三款手指向内弯曲的弹性变形量如表 6.4 所示。

表 6.4　手指变形量(mm)

手指种类 手指位置	A 款	B 款	C 款
鼠标后方	1	1.9	3.6
鼠标前方	6.8	8.1	10.4

2) 选取指宽

依据工件重量,选择不同指宽时,指宽越大,夹持力越大 。

最大抓大工件的重量为 $G=200(\text{g})=0.2\times9.8=1.96(\text{N})$

手指进行可靠抓取的条件为

$$F=\frac{G}{Nu}A$$

式中:F——夹紧力;

$\quad G$——工件重量(N);

$\quad N$——手指数,此处 N=4;

$\quad \mu$——工件与夹爪的摩擦系数,橡胶与橡胶之间在无润滑的情况下的静摩擦系数为 0.62~0.54 之间,视橡胶的纹理不同(如交叉纹理、平行纹理),此处取 0.6;

$\quad A$——安全系数,取 $A=4$。

$$F=\frac{1.96}{4\times0.6}\times4=3.2(\text{N})$$

设手指工作压力为 $P=80\text{ kPa}$。由于鼠标前方的手指变形量大于鼠标后方的手指变形量,故按照表 6.4 中鼠标前方手指产生的变形量作为选择条件,选择满足夹持力 $F_G>F$ 的手指款式。根据图 6.9~图 6.11,满足 $F_G>F$ 的手指为 A4、A5 两种。

3) 选取手指长度

根据鼠标的尺寸大小,在满足手指的包覆长度为 20 mm 的要求时,自然状态下手指指尖与鼠标底面之间的高度距离为 7 mm,如图 6.15 所示。若选取 A5 手指,其长度为 69 mm,手指高出鼠标 36 mm,可满足使用要求(也可以选取 A4 手指)。

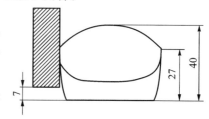

图 6.15 手指高度位置

4) 选择固定模块

固定模块有 V1~V5 共五种,其区别在于结构形式、安装尺寸、供气方式等方面。此处选取 V5 款固定模块,选取其他模块亦可。

5) 选取手指形状

一般情况下,选取标准款手指形状,即平头横纹,其通用性好,耐磨,适用于食品、金属、塑料等工件表面。

综上所述,所选取的柔性手指型号为 FM-A5V5/LS1。

3. 关键件设计

1) 手指连接板

手指连接板用于安装柔性手指和手指气管,并将高压空气从机器人连接板中引入,如图 6.16 所示。

根据手指安装位置,手指连接板的外形尺寸设计为 90 mm×100 mm×10 mm,为减小重量、增加外形的美观性,去除了部分实体,并将四个角设计成圆弧形。

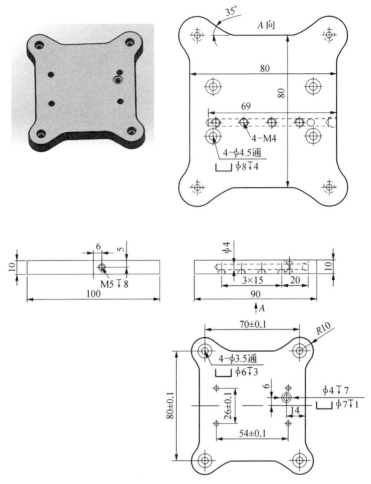

图 6.16　手指连接板

　　图 6.16 所示 4 - M3 螺纹孔位置为关键尺寸,由四个手指的位置决定,保证手指的内侧中心线前后距离为 80 mm,左右距离为 56 mm。

　　深度为 7 mm 的 φ4 mm 孔为气孔,距离右边距离设计为 14 mm、偏离手指连接板前后对称中心线的距离为 6 mm,此数值与气连接块相关联,自连接板的右端向左,钻一个深度为 69 mm 的 φ4 mm 孔,并与上述深度为 7 mm 的 φ4 mm 圆孔、4 个 M4 螺纹孔相通,4 - M4 螺纹孔用于安装四个手指的气管。为使气路不产生漏气,在深孔的端口设计一个 M5 的螺纹,以便安装气孔堵头,如图 6.17 所示。

图 6.17　手指连接板气路

用于连接滑块与夹爪的螺栓为内六角螺栓 M4。内六角螺丝的尺寸规格有很多种,符合国家标准 GB 70—1985 的螺栓尺寸的头部直径和高度见表 6.5 所示。

表 6.5 螺栓尺寸

螺栓规格	螺栓头直径(mm)	螺栓头高度(mm)
M3	5.5	3
M4	7	4
M5	8.5	5

2) 机器人连接板设计

机器人连接板上端连接拉钉和定位销,右侧安装气连接块,下方安装手指连接板。因为柔性手指无位置元件,故左侧无需安装电连接块。

连接板为长方体,尺寸为 80 mm×34 mm×20 mm 长度尺寸与手指连接板中间部分的宽度尺寸相等,宽度和高度尺寸综合考虑强度、外观和右端相连接的气连接块的尺寸而确定,如图 6.18 所示。

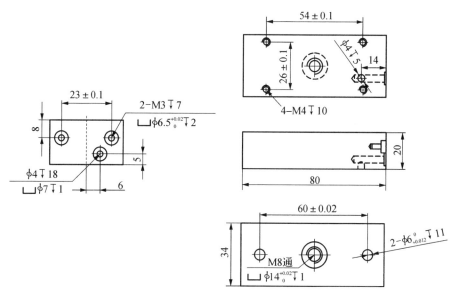

图 6.18 机器人连接板

根据拉钉连接螺纹尺寸,在上平面中心位置的 M8 螺纹孔,用于安装拉钉。2 - φ6 mm 孔用于安装机器人连接板定位销。为保证定位销的安装精度与可靠性,孔的直径有公差要求。

机器人连接板的右侧的 φ4 mm 水平孔为气孔,其深度为 18 mm。底部的 φ4 mm 垂直孔为气孔,与 φ4 mm 水平孔相贯通,如图 6.19 所示。

2 - M3 螺纹孔用于安装气连接块,其 φ6.5 mm 的沉坑与气连接块相配合,确保两者安装后不能相对移动,从而保证 φ4 mm 气孔与气连接块上的气孔位置相对应,如图 6.20 所示。

图 6.19　机器人连接板气路

图 6.20　气连接块定位孔

底部的 4‑M4 螺纹孔用于安装手指连接板,螺纹孔左右距离为 54 mm,前后距离为 26 mm。

3) 气连接块设计

气连接块安装在机器人连接板的右侧,其功能是将高压气体引到机器人连接板中。主体外形尺寸为 30 mm×16 mm×20 mm,长度略小于机器人连接板的宽度,高度与机器人连接板的高度一致。气连接块设计图如图 6.21 所示。

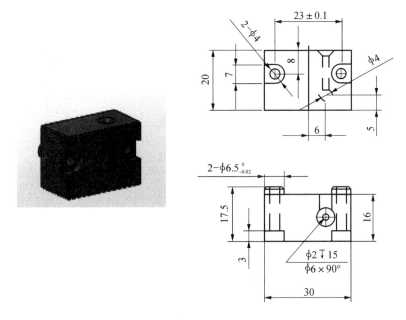

图 6.21　气连接块

2‑φ4 mm 通孔用于使用 M3 螺栓与机器人连接板进行连接,并开设螺栓头沉坑,两孔之间的距离为 23 mm,并有公差要求,以便与机器人连接板上的螺纹孔位置一致。在垂直方向钻一个 φ2 mm 的圆孔,深度为 15 mm,使得该孔与水平方向的 φ4 mm 圆孔相通,φ4 mm 圆孔中心距离地面的高度为 5 mm,偏离中心距离 6 mm,此位置与机器人连接板上的 φ4 mm 水平圆孔的位置相对应,并相互贯通,形成气流通道,如图 6.22 所示。

在与机器人连接板相接触的面上,有两个凸圆,子直径为 φ6.5 mm,长度为 1.5 mm,其中心与 2‑φ4 通孔的中心同轴,并有公差要求,目的是与机器人连接板右侧的 2‑M3 螺纹孔的沉坑 φ6.5 mm 相配合,如图 6.23 所示。气连接块与机器人连接板进行装配后,必须保

证气连接块上的 φ2 mm 垂直气孔与拉钉之间相对位置精确且运行可靠,为此,通过两个凸圆 2 - φ6.5 mm 与气连接块左侧面,构成"一面两销"定位,与机器人连接板进行定位,减小与定位孔之间的配合间隙,保证定位精度,避免气连接块与机器人连接板之间产生相对移动,提高可靠性。

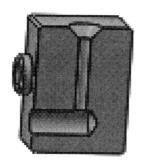 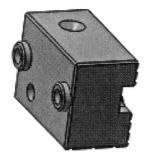

图 6.22　气流通道　　　　　图 6.23　定位凸圆

4. 夹具实物

鼠标夹具实物如图 6.24 所示。

图 6.24　鼠标夹具实物

 思考与练习

1. 柔性手指的指宽款式、手指节长有哪些?
2. 柔性手指固定块有哪几种? V5 型手指固定块的结构原理是什么?
3. 柔性手指模块的主要结构尺寸参数有哪些?
4. 柔性手指夹持力曲线图的参数有哪几个?
5. 机器人连接板与气连接块之间的定位方案是什么?
6. 本项目夹具中,控制柔性手指的气路通道是怎样形成的?

【微信扫码】
参考答案

项目 7　玻璃板真空吸盘快换夹具设计

学习目标

知识目标：

（1）能查阅资料，选取真空吸盘等气动元件。

（2）能进行吸附式机器人夹具的总体方案设计。

（3）能进行关键件的设计。

能力目标：

（1）能查阅资料，了解真空吸盘的结构与试验方法。

（2）能分析"抓取"对象的特点，进行机器人夹具的方案设计。

（3）能根据使用要求进行真空吸盘的选取。

（4）能进行夹具零件设计。

项目描述

　　某产品在装配流水线上，由机器人抓取玻璃板，送达装配位置。玻璃板的尺寸为 φ210 mm×140 mm×3 mm。设计该玻璃板的机器人夹具，并可通过机器人快换工具进行夹具的更换。

【微信扫码】
多点吸盘快
换手爪视频

工作任务

（1）工件夹持特点与抓取方案分析。

（2）设计玻璃抓取的真空吸盘机器人夹具总体方案。

（3）选择真空吸盘。

（4）设计夹具零件。

项目引导

【微信扫码】
项目引导

（1）玻璃板有哪些特点，宜用什么方法"抓取"？

玻璃板的特点：＿＿＿＿＿＿＿＿＿＿＿＿＿＿＿＿＿＿＿＿＿＿＿＿＿＿＿＿＿＿＿＿

＿＿＿＿＿＿＿＿＿＿＿＿＿＿＿＿＿＿＿＿＿＿＿＿＿＿＿＿＿＿＿＿＿＿＿＿＿＿。

抓取方案（从抓取方法、抓取点的布置等方面考虑）：＿＿＿＿＿＿＿＿＿＿＿＿＿＿

＿＿＿＿＿＿＿＿＿＿＿＿＿＿＿＿＿＿＿＿＿＿＿＿＿＿＿＿＿＿＿＿＿＿＿＿＿＿。

方案示意图：

（2）真空是这样产生的：_____

_____。

（3）根据使用环境情况,选取真空吸盘的材料时,需要注意耐油、耐酸碱性、环境温度等因素。针对真空吸盘的材料,填写下表。

主要特点	丁腈橡胶	聚氨酯橡胶	硅橡胶	氯橡胶
耐汽油性				
耐弱酸性				
使用温度/℃				
应用案例				

（4）为适合不同形状的吸吊物体,研发人员开发了多种形状的真空吸盘。针对真空吸盘,填写下表。

系列	形状	适合吸吊物
平型（U）		
带肋平型（C）		
深型（G）		
风琴型（B）		
薄型（UT）		

(5) 真空吸盘金具的作用：

① _____ ；② _____ 。

(6) 选取真空吸盘直径大小时，需要考虑的因素：

① _____ ；② _____ ；③_____ 。

(7) 本项目夹具的总体结构组成描述（采用图形与文字的方式）。

(8) 将夹具中控制真空吸盘吸吊玻璃板时的气流路径：_____
_____ 。

知识学习

真空吸盘是利用真空在吸盘内产生负气压，从而将物体吸牢，进行搬运的方法，是一种接触式真空吸取的末端执行器，如图 7.1 所示。

图 7.1 真空吸盘及其应用

以真空吸附为动力源，作为一种自动化的手段，已在电子、半导体元件组装、汽车组装、自动搬运机械、轻工机械、食品机械、医疗机械、印刷机械、机器人等许多方面得到了广泛的应用。例如：真空包装机械中，包装纸的吸附、送标、贴标、包装袋的开启；玻璃的搬运、组装。对具有较光滑表面的物体，特别对于非铁、非金属且不适合夹紧的物体，如柔软的纸张、塑料膜、铝箔，易碎的玻璃及其制品，集成电路等微型精密零件，都可以使用真空吸附来完成各种作业。

1. 真空吸盘特点

(1) 纯净。真空吸盘特别环保，不会污染环境，没有光、热，电磁等产生。

(2) 不伤工件。真空吸盘由橡胶材料制成，吸取或者放下工件不会造成任何损伤。

(3) 易使用。不管被吸物体是什么材料，只要能密封，不漏气，均能使用。

2. 真空发生器

真空发生器就是利用正压气源产生负压的一种真空元器件。图 7.2 所示为盒式真空发生器，有进气口、排气口和真空口。高压空气从进气口进入、排气口排出时，由于气体的黏性,在真空发生器内部的负压腔形成真空度,标准型的最大真空度可达88 kPa。在真空口处接上真空吸盘,可吸吊物体。

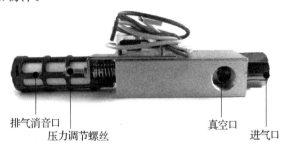

图7.2 盒式真空发生器

3. 真空吸盘常用材料

真空吸盘通常由橡胶材料和金属骨架压制成型。制造吸盘所用的各种橡胶材料的性能如表7.1所示。

表7.1 真空吸盘材料与性能

主要特点		丁腈橡胶	聚氨酯橡胶	硅橡胶	氯橡胶
主要特点		耐油、耐磨、耐老化性良好	强度优	耐寒性与耐热性优先	最高的耐热性与耐化学性
耐油性	汽油	优	优	尽量不用	优
耐油性	苯	尽量不用	尽量不用	不可用	尽量不用
耐油性	乙醇	优	尽量不用	优	优
耐碱性、酸性	水	优	尽量不用	良好	优
耐碱性、酸性	弱酸	良好	尽量不用	良好	优
耐碱性、酸性	弱碱	良好	不可用	优	良好
使用	使用温度/℃	0～120	0～60	−30～200	0～250
使用	搬运物体例	硬壳纸、胶合板、铁板及其他一般工件		半导体元件、薄工件、金属制品、食品类	药品类

4. 真空吸盘的种类与型号

真空吸盘的种类很多,以SMC公司的真空吸盘为例,常见的吸盘种类系列及其直径范围见表7.2。每种吸盘又有多种款式、材质、颜色之分。

表7.2 真空吸盘的型号

系列	形状	吸盘直径/mm	型号	适合吸吊物
平型(U)		φ2～φ50	CP -(吸盘直径)U 如 CP - 20U	表面平整不变形的工件

系列	形状	吸盘直径/mm	型号	适合吸吊物
带肋平型(C)		φ10～φ50	CP-(吸盘直径)C 如 CP-20C	易变形工件
深型(G)		φ10～φ40	CP-(吸盘直径)G 如 CP-20G	呈曲面形状的工件
风琴型(B)		φ6～φ50	CP-(吸盘直径)B 如 CP-20B	没有安装缓冲的空间、工件吸着面倾斜的场合
薄型(UT)		φ6～φ32	CP-(吸盘直径)UT 如 CP-20UT	纸、胶片等薄型工件
重载型(H)		φ40～φ125	CP-(吸盘直径)H 如 CP-50H	适合显像管、汽车主体等大型重物

5. 吸盘理论吸吊力

根据吸盘直径、真空度,可以计算出真空吸盘的理论吸吊力。现列出部分真空吸盘的理论吸吊力,如表 7.3 所示。

表 7.3　理论吸吊力(N)

吸盘尺寸/mm		φ2	φ4	φ6	φ8	φ10	φ13	φ16	φ20	φ25	φ32
吸盘面积/cm²		0.03	0.13	0.28	0.50	0.79	1.33	2.01	3.14	4.91	8.04
真空度/kPa	−70	0.22	0.88	1.98	3.52	5.50	9.3	14.1	22.0	34.3	56.3
	−65	0.20	0.82	1.84	3.27	5.10	8.6	13.1	20.4	31.9	52.2
	−60	0.19	0.75	1.70	3.01	4.71	8.0	12.1	18.8	29.4	48.2
	−55	0.17	0.69	1.55	2.76	4.32	7.3	11.1	17.3	27.0	44.2
	−50	0.16	0.63	1.41	2.51	3.93	6.7	10.0	15.7	24.5	40.2

续　表

吸盘尺寸/mm		φ40	φ50	φ63	φ80	φ100	φ125	φ150	φ250	φ300	φ340
吸盘面积/cm²		12.6	19.6	31.2	50.2	78.5	122.7	176.6	490.6	706.5	907.5
真空度 /kPa	−70	88	137	218	351	550	859	1 236	3 434	4 946	6 353
	−65	82	127	203	326	510	798	1 148	3 189	4 592	5 899
	−60	76	118	187	301	471	736	1 060	2 944	4 239	5 445
	−55	69	108	172	276	432	675	971	2 698	3 886	4 991
	−50	63	98	156	251	393	614	883	2 453	3 533	4 538

6. 真空吸盘的安装金具

真空吸盘金具的作用是连接、安装真空吸盘,并将真空通入吸盘的器件。根据通气位置可分为侧面进气和尾部进气,侧面进气称为侧通式,尾部进气称为直通式。真空吸盘金具如图 7.3 所示。

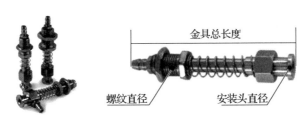

图 7.3　真空吸盘金具

某品牌的真空吸盘金具型号编排规则为

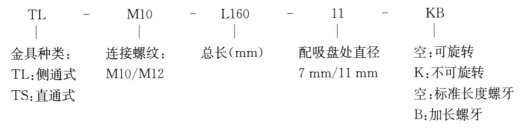

例如:型号 TL‐M10‐L65‐7 的 SMC 真空吸盘金具为侧面进气真空吸盘金具,其安装连接螺纹大小为 M10,总长为 65 mm,安装真空吸盘的头部直径为 φ7 mm,真空吸盘可旋转,安装连接螺纹长度为标准长度,如图 7.4 所示。

7. 真空吸盘选择

吸盘的理论吸吊力是吸盘内真空度与吸盘有效吸着面积的乘积。

吸盘的实际吸吊力应该考虑被吸吊工件的重量及搬运过程中的运动加速度外,还应给予足够的余量,以保证吸吊的安全。搬运工程中的加速度、停止加速度、平移加速度和转动加速度(包括摇晃)。特别是面积大的板状物的吸吊,不应忽视在搬运过程中会受到很大的风阻。

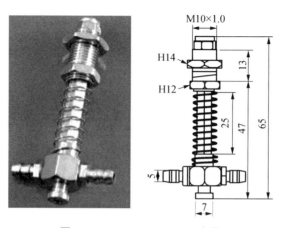

图 7.4 TL‐M10‐L65‐7 金具

对面积大的吸吊物、重的吸吊物、有震动的吸吊物，或要求快速搬运的吸吊物，为防止吸吊物脱落，通常使用多个吸盘进行吸吊。这些吸盘应该合理配置，以使吸吊合力作用点与被吸吊物的重心尽量靠近。

真空吸盘选定过程如下。

（1）计算工件的质量

（2）充分考虑工件的平衡，明确吸着部位以及吸盘的个数

（3）计算真空吸盘的直径

使用 n 个同一直径的吸盘吸吊物体，其吸盘直径 D 可以按下式选定：

$$D \geqslant \sqrt{\frac{4Wt}{\pi nP}}$$

式中：D——吸盘直径（mm）；

W——吸取物的重量（N）；

t——安全系数，水平吸吊 $\geqslant 4$，垂直吸吊 $\geqslant 8$，水平吸吊和垂直吸吊如图 7.5 所示；

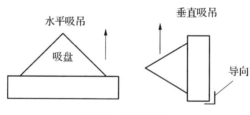

图 7.5 吸吊方向

n——吸盘个数；

P——吸盘的真空度（一般在 $0.04 \sim 0.06$ MPa 范围内，1 MPa＝1 000 kPa）。

（4）由使用环境以及工件的形状、材质确定吸盘的形状、材质

（5）选择吸盘金具

（6）注意事项

① 真空压力不是越高越好,真空压力过高时会发生意外。真空吸盘的剪切力与力矩度不强。常用的真空压力一般为 60 kPa。

② 考虑工件的重心位置,真空吸盘收到的力矩最小。

③ 尽量避免真空吸盘吸着工件垂直方向的面向上提升,不得已的情况下可考虑安全系数,并采用防止落下的措施。

8. 真空吸盘的控制回路

真空吸盘的气动控制回路构成如图 7.6 所示。

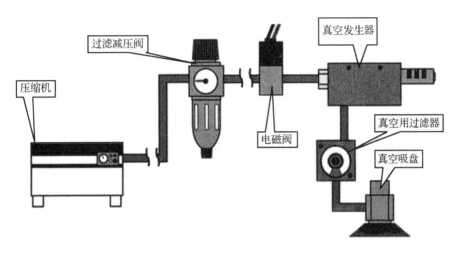

图 7.6 真空吸盘气动控制回路

职业素养

真空吸盘的选择方法与过程,包含了层层推进、有理有据、符合逻辑的思想,比如:应该先计算工件重量,才能依据重量进行吸盘的选择,两者不能颠倒。

对于将来从事技术工作的人员,需要注重培养严谨的工作作风。具备了严谨的工作态度,保持好的细节习惯,是能让自己表现得更出色,对个人日后的发展有着不可忽视的帮助,甚至是必不可少的。作为一名新时代的大学生,若能注重培养职业素养,以饱满的热情去完善自我,迎接各方面的竞争与挑战,那么,将有助于增加自身日后不断发展的厚实基础。

只有严谨地工作,才能正确地解决技术问题。否则,必然造成失败的后果。这方面的案例很多,教训非常深刻。

工作无小事,样样需留心。我们应树立起高度的责任心,对待工作认真负责,无论何时,无论何地,都要保持严谨的工作态度。

项目实施

项目7 实施单

项目名称	玻璃板真空吸盘快换夹具设计	姓名	
小组成员		小组分工	
资料	教材、真空吸盘资料、网络资源、机械设计手册	工具	电脑、CAD绘图软件
项目实施			
1. 玻璃板的结构特点与夹持方案分析			
2. 画出真空吸盘快换夹具的总体方案图			
3. 写出真空吸盘型号选取的过程			
4. 写出负压空气(真空)进入真空吸盘的气路路径			
5. 写出设计的夹具零件名称			

1. 总体设计

1) 工件特点与搬运方案分析

玻璃是非晶无机非金属材料,不但能起到传统的透光效果,而且还能在一些特殊的场合发挥出不可替代的作用。

玻璃具有易碎、易被划伤的特点,这样的特点给玻璃搬运带来了困难。

玻璃搬运常常使用真空玻璃吸盘或玻璃吊带进行搬运。

利用真空吸盘搬运玻璃是更廉价的一种方法。真空吸盘不伤工件,不会导致玻璃划伤,并且便于使用,广泛应用在自动化生产线中。

玻璃吊带是玻璃生产加工企业在生产运输过程中使用的一种高安全、效率高的吊运玻璃的工具。玻璃若采用木箱包装和钢丝绳吊运,大量浪费包装木材造成资源浪费,而且采用木箱包装和钢丝绳吊运,需制箱、拆箱,中间吊运环节较多,工作繁琐,效率低。玻璃专项使用吊带提供一种裸体包装,可重复使用,降低了玻璃生产厂家的成本,提高了玻璃吊装的效率。使用吊带搬运玻璃的方法,在批量搬运玻璃时应用较多。

本项目采用真空吸盘搬运玻璃。

2) 夹具结构原理

根据工件的玻璃特点,选用真空吸盘作为执行元件。由于被吸玻璃为长方形,故采用4个真空吸盘,对称布局。

由于玻璃的刚度很高,易碎。其平面光滑、平面度好、变形量非常小。但综合考虑稳定性、吸着点位置与玻璃重心位置和吸盘直径等方面的因素,左右吸着点的位置距离定为140 mm,前后吸着点的位置距离定为100 mm,如图7.7所示。

夹具设计如图7.8所示。

机器人连接板右端安装气连接块,机器人连接板通过4个L型支架1与2根横向铝型材相连接,通过8个L型支架1将2根横向铝型材与2根纵向铝型材相互固定。真空吸盘通过L型支架2安装在纵向铝型材上。铝型材为标准材料,根据设计需要进行选用。此处

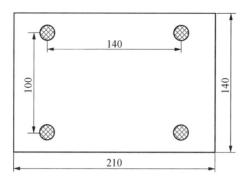

图 7.7　吸着点位置

铝型材的型号为铝型材国标 1515。由于真空吸盘没有位置信号元件,故左侧无需安装电连接块。

　　控制真空吸盘的气路如图 7.9 所示。气连接块内设计 2 个气孔,连接气路时,仅使用右边的气孔,左边气孔不使用。右边气口的下端有 1 根气管,气管的另一端连接 1 个五通连接件,再用 4 根气管与 4 个真空吸盘侧面的气口连接,控制 4 个真空吸盘。

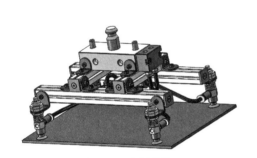

图 7.8　夹具结构

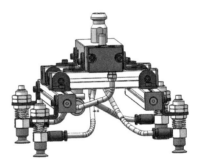

图 7.9　气路

2. 吸盘选取

该夹具选用真空吸盘作为执行元件,其型号需要通过计算进行选择。

(1) 气动手指型号选择选定

计算所要吸吊的工件重量,初步选择真空吸盘的重量。

工件的尺寸为 210 mm×140 mm×3 mm,材料为玻璃。

体积为 $V = 21 \times 14 \times 0.3 = 88.2 (\text{cm}^3)$

所抓取的玻璃密度为 2.5(t/m³)

重量为 $G = V \times 2.5 \times 9.8 \times 10^{-3} = 88.2 \times 2.5 \times 9.8 \times 10^{-3} = 2.2(\text{N})$

取安全系数 $t = 4$,真空压力 $P = 50\ \text{kPa} = 0.05\ \text{MPa}$,真空吸盘进行可靠抓取时,直径应满足的条件为

$$D \geqslant \sqrt{\frac{4Gt}{\pi n P}} = \sqrt{\frac{4 \times 2.2 \times 4}{\pi \times 4 \times 0.05}} = 7.5(\text{mm})$$

由于玻璃为不变形物体,选取 U 型真空吸盘,根据表 SMC 公司的样本,选择直径为

$\phi 8$ mm 的真空吸盘,吸盘型号 CP - 08U。

(2) 检查吸盘吸着点边缘是否漏气,确认吸着点位置

由于真空吸盘左右吸着点的位置距离定为 140 mm,玻璃板的长度为 210 mm,则真空吸盘边缘到玻璃板左右边缘的距离为 31 mm;真空吸盘前后吸着点的位置距离定为 100 mm,玻璃板的宽度为 140 mm,则真空吸盘边缘到玻璃板前后边缘的距离为 16 mm。即真空吸盘的边缘位于玻璃板边缘 16 mm 以上,不存在真空吸盘漏气的情况,故吸盘吸着点位置不需要修改。

3. 吸盘金具选取

根据真空吸盘的型号,选择安装真空吸盘的金具型号为 TL - M10 - L65 - 7。

4. 关键件设计

1) 气连接块设计

气连接块的作用是将真空气压从快换工具内引到真空吸盘,设计如图 7.10 所示。

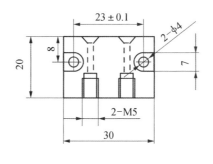

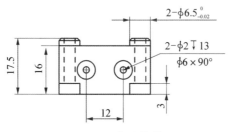

图 7.10　气连接块

气连接块安装于机器人连接板的右侧,2 - $\phi 4$ mm 为 M3 螺栓通孔,间距为 23 mm,如图 7.11 所示。此位置使气连接块安装孔尽量靠近边缘,公差的要求是保证与机器人连接板上的螺纹孔位置一致,距离上平面 8 mm,沉头直径为 $\phi 7$ mm,沉头深度为 3 mm。

上下方向的 2 - $\phi 2$ mm 为气孔,间距为 12 mm,如图 7.12 所示。间距值根据快换工具上的气路位置间距确定,不能改变,两个孔的深度为 13 mm,气孔下方设有 M5 内螺纹孔,与在此位置连接的气管接头的螺纹大小一致,螺纹深度为 7 mm。

气连接块左侧有两个与螺栓通孔 2 - $\phi 4$ mm 同心的定位凸圆,直径为 2 - $\phi 6.5$ mm,并有公差要求,如图 7.13 所示。凸圆的作用是与机器人连接板相连接与配合。通过两个凸圆 2 - $\phi 6.5$ mm 与气连接块左侧面,构成"一面两销"定位,与机器人连接板进行定位,减小与定位孔之间的配合间隙,保证定位精度,避免气连接块与机器人连接板之间产生相对移动,提

高可靠性。

图 7.11　螺栓通孔

图 7.12　气孔

图 7.13　定位凸圆

2）L 型支架 2 设计

机器人夹具中选用了国标工业铝型材，规格为国标 1515。国标工业铝型材有多种截面形状。国标 1515 的截面为方形，四面均有纵向槽，如图 7.14 所示。同时，为便于铝型材的安装与拆卸，还有标准的铝型材配件供应，如螺栓、滑块螺母等，如图 7.15 所示。

图 7.14　铝型材

图 7.15　铝型材标准配件

国标 1515 工业铝型材的截面尺寸如图 7.16 所示。选用的滑块螺母如图 7.17 所示，其内螺纹可选 M3/M4/M5，此处选用 M4。

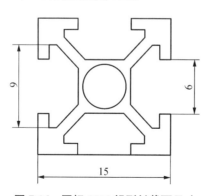

图 7.16　国标 1515 铝型材截面尺寸

图 7.17　滑块螺母

L 型支架 2 的作用是用于安装真空吸盘，结构设计如图 7.18 所示。

支架采用厚度为 2 mm 的 Q235 钢质板材折弯而成。

垂直部分用于与纵向铝型材固定，开设的安装孔根据滑块螺母上的内螺纹孔 M4 确定，故安装孔的直径设计为 4.5 mm。水平部分用于安装真空吸盘，开设的安装孔根据所选择的真空吸盘金具上的安装螺纹 M10 确定,故安装孔的直径为 10 mm。

支架的宽度根据安装真空吸盘金具的外六角螺母 M10 确定。根据标准,M10 的外六角螺母的对边距离尺寸为 17 mm(即螺母的两条相互平行的边),支架的宽度可以设计成不小于此尺寸,所以,支架的宽度确定为 17 mm。

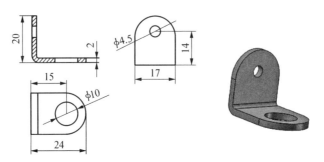

图 7.18 L 型支架 2

5. 夹具实物

玻璃板夹具实物如图 7.19 所示。

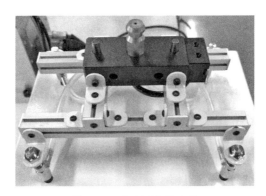

图 7.19 玻璃板夹具实物

思考与练习

1. 真空吸盘的常用材质有哪几种? 它们各适用于什么场合?
2. 从外形上分类,真空吸盘有哪些种类? 它们各适用于哪些场合?
3. 真空吸盘金具的主要结构参数有哪些?
4. 真空吸盘的选取过程有哪几个步骤?
5. 本项目夹具中,控制真空吸盘的气路通道是怎样形成的?

【微信扫码】
参考答案

项目 8　纸箱海绵吸盘快换夹具设计

 **学习目标**

知识目标：

(1) 能查阅资料,选取海绵吸盘等气动元件。

(2) 能进行吸附式机器人夹具的总体方案设计。

(3) 能进行关键件的设计。

能力目标：

(1) 能查阅资料,熟悉海绵吸盘的结构与特性。

(2) 能查阅资料,进行海绵吸盘的选取。

(3) 能分析"抓取"对象的特点,进行机器人夹具的方案设计。

项目描述

某物流快递输送带用来传输纸箱,纸箱的尺寸为 400 mm×220 mm×200 mm,最大重量为 2 kg。设计该纸箱的机器人夹具,并可通过机器人快换工具进行夹具的更换。

【微信扫码】
海绵吸盘视频

 工作任务

(1) 工件夹持特点与抓取方案分析。

(2) 设计纸箱抓取的海绵吸盘机器人夹具总体方案。

(3) 选择海绵吸盘。

(4) 设计夹具零件。

【微信扫码】
项目引导

 **项目引导**

(1) 纸箱的特点：＿＿＿＿＿＿＿＿＿＿＿＿＿＿＿＿＿＿＿＿＿＿＿＿＿＿＿＿＿＿

＿＿

＿＿＿＿＿＿＿＿＿＿＿＿＿＿＿＿＿＿＿＿＿＿＿＿＿＿＿＿＿＿＿＿＿＿＿＿＿＿＿。

(2) 对纸箱分别采用吸吊式和抱夹式的方法进行抓取,将其优缺点填入下表。

方案	优点	缺点

方案	优点	缺点

(3) 海绵吸盘与真空吸盘同为利用负压进行工作的气动元件,有何不同?

① 用途不同:＿＿＿＿＿＿＿＿＿＿＿＿＿＿＿＿＿＿＿＿＿＿＿＿＿＿＿＿＿

＿＿＿＿＿＿＿＿＿＿＿＿＿＿＿＿＿＿＿＿＿＿＿＿＿＿＿＿＿＿＿＿＿＿＿

＿＿＿＿＿＿＿＿＿＿＿＿＿＿＿＿＿＿＿＿＿＿＿＿＿＿＿＿＿＿＿＿＿＿。

② 结构组成不同:＿＿＿＿＿＿＿＿＿＿＿＿＿＿＿＿＿＿＿＿＿＿＿＿＿＿＿

＿＿＿＿＿＿＿＿＿＿＿＿＿＿＿＿＿＿＿＿＿＿＿＿＿＿＿＿＿＿＿＿＿＿＿

＿＿＿＿＿＿＿＿＿＿＿＿＿＿＿＿＿＿＿＿＿＿＿＿＿＿＿＿＿＿＿＿＿＿。

③ 主体材料不同:＿＿＿＿＿＿＿＿＿＿＿＿＿＿＿＿＿＿＿＿＿＿＿＿＿＿＿

＿＿＿＿＿＿＿＿＿＿＿＿＿＿＿＿＿＿＿＿＿＿＿＿＿＿＿＿＿＿＿＿＿＿＿

＿＿＿＿＿＿＿＿＿＿＿＿＿＿＿＿＿＿＿＿＿＿＿＿＿＿＿＿＿＿＿＿＿＿。

(4) 海绵吸盘工作时,通入的是正压空气,但是产生的却是吸吊力,为什么?

＿＿＿＿＿＿＿＿＿＿＿＿＿＿＿＿＿＿＿＿＿＿＿＿＿＿＿＿＿＿＿＿＿＿＿

＿＿＿＿＿＿＿＿＿＿＿＿＿＿＿＿＿＿＿＿＿＿＿＿＿＿＿＿＿＿＿＿＿＿。

(5) 本项目夹具的总体组成结构描述(采用图形与文字的方式)。

(6) 从机器人握爪通入该夹具的正压空气的路径:＿＿＿＿＿＿＿＿＿＿＿＿＿＿

＿＿＿＿＿＿＿＿＿＿＿＿＿＿＿＿＿＿＿＿＿＿＿＿＿＿＿＿＿＿＿＿＿＿。

知识学习

1. 海绵吸盘及其应用

海绵吸盘是一种使用负压进行工作的气动元件。

海绵吸盘与真空吸盘相比,有以下几点不同之处。

(1) 主体材料不同:海绵吸盘的主体是铝型材,结构比较坚硬,不容易坏,后期的维护成本较低。真空吸盘的材料有氟橡胶,硅橡胶等,易损坏。

(2) 用途不同:海绵吸盘的用途更加广泛,如纸箱、木材这种有一点透气性或者是表面不是很平整的吸附面,均可使用。真空吸盘的吸附面积较小,一般用于表面平整、没有凹凸不平、没有孔的情况下才可以吸附。

(3) 结构组成不同:海绵吸盘内置真空发生器和单向阀,在被吸物没有完全被吸附的情况下也不影响其吸取效果,可以更有效地实现各种不同形状物件的吸取移动。真空吸盘通过接管与真空设备接通,然后与待吸吊物如玻璃、纸张等接触,起动真空设备抽吸,使吸盘内产生负气压,从而将待提升物吸牢,即可开始搬送待提升物。

与真空吸盘相比,海绵吸盘的密封性更好,适合吸取表面不平整的工件,可以搬运各种带孔或者不规则的工件。海绵吸盘不适合要求吸力大、过于柔软的工件,此类场合建议使用特种吸盘。

海绵吸盘有广泛的应用,如机器人码垛,拆垛,纸箱搬运等。图 8.1 所示为海绵吸盘应用场景。

图 8.1 海绵吸盘的应用

2. 海绵吸盘结构

常见的海绵吸盘为集成式,即将若干个吸盘按照一定规律安装在吸盘内,如图 8.2 所示。同时,海绵吸盘有内置真空发生器,使用海绵吸盘时,只需要引入高压空气即可。同时,海绵吸盘还有内置真空安全阀,当有吸盘未吸附时,海绵吸盘仍然可以保持吸力。

图 8.2 海绵吸盘内部

海绵吸盘上表面为金属板,并有进气孔。规格尺寸不大的海绵吸盘,其安装孔的位置是固定的,如图 8.3(a)所示。规格尺寸较大的海绵吸盘,在海绵吸盘上表面金属板上开设 T 型槽,T 型槽内放置带有螺纹孔的 T 型块,用户通过 T 型块将海绵吸盘进行安装,安装时可以在 T 型槽内移动 T 型块,安装位置比较灵活,如图 8.31(b)所示。

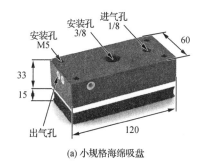

(a) 小规格海绵吸盘　　　　　　　(b) 大规格海绵吸盘

图 8.3 海绵吸盘的安装

海绵吸盘下方的海绵为富有弹性且耐磨的特殊泡沫材料制成。

在需要的场合,可以在海绵吸盘上加装压力开关,检测真空压力,确认海绵吸盘处于工作吸着状态,如图 8.4 所示。

图 8.4　压力开关检测真空压力

3. 海绵吸盘的规格型号与吸力

不同的生产企业生产的海绵吸盘,其规格型号的表示方法不尽相同。如某公司的海绵真空吸盘的型号为

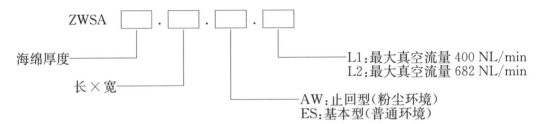

海绵吸盘内置真空发生器和单向阀,在个别吸盘未吸附的情况下也可以保持吸力,可以在一定程度上适用工件尺寸的变化。

表 8.1 所示为部分海绵真空吸盘的技术参数。

表 8.1　部分海绵真空吸盘的技术参数

长×宽(mm)	60×120	80×160	80×160	130×160	130×600
理论最大吸力(kg)	8	12	15	55	70

 **项目实施**

项目 8 实施单

项目名称	纸箱海绵吸盘快换夹设计	姓名	
小组成员		小组分工	
资料	教材、海绵吸盘资料、网络资源、机械设计手册	工具	电脑、CAD绘图软件
项目实施			
1. 纸箱的结构特点与夹持方案分析			
2. 画出纸箱海绵吸盘快换夹具的总体方案图			

续 表

3.写出海绵吸盘型号选取的过程
4.写出高压空气进入海绵吸盘的气路路径
5.写出设计的夹具零件名称

1. 总体设计

1）工件特点与搬运方案分析

本项目给定的物流快件纸箱重量为 2 kg,重量轻量。箱体为标准的长方体,6 个面为平面,但平整度不如玻璃,具有凹凸形状。纸箱平面在受压或受拉的情况下,会产生扭曲、变形。纸箱的搬运可采用多种方法,如可采用夹紧箱体的 2 个相对的平面、使用底部托起、吸吊等方式进行搬运。夹紧箱体的方式是简单易行,这种方式依靠摩擦力进行搬运,需要的夹紧力较大,有可能引起箱体变形、滑落等故障,甚至破坏箱体内的快递物品。使用底部托起搬运的方式,需要箱体底部高出摆放平面一定距离,以便机器人手指伸到箱体底部,或者定制托盘,将箱体平放在托盘之上。而纸箱存在的凹凸平面,如果使用真空吸盘进行搬运,则真空吸盘容易漏气。海绵吸盘由于其良好的密封性,吸吊搬运时纸箱的变形,对箱内的快递物品破坏性小,对纸箱的搬运比较合适,但需要注意的是有脱落的风险。

2）海绵吸盘的控制

海绵吸盘内置真空发生器,当需要海绵吸盘对工件进行吸附时,只要从海绵吸盘的进气口输入高压空气即可。

3）夹具结构原理

夹具选用海绵吸盘作为执行元件。

为了安装所选海绵吸盘,有多种总体结构方案。

方案 1:采用长度较短的机器人连接板,用于夹具和机器人快换工具的连接。机器人连接板下方加装海绵吸盘安装板,用于安装海绵吸盘,在机器人连接板右侧安装气连接块,将高压空气引入海绵吸盘。

方案 2:采用长度较长的机器人连接板,用于夹具和机器人快换工具的连接,机器人连接板下方直接连接海绵吸盘,且不需要使用气连接块,而是直接将高压空气引入机器人连接板,再通过机器人连接板内的气路通道引入海绵吸盘。

由于真空吸盘没有位置信号元件,故左侧无需安装电连接块。

经过优化设计,夹具设计如图 8.5 所示。

图 8.5　夹具结构

在海绵吸盘的上方,固定连接机器人连接板。连接板上,固定连接有拉钉和 2 个定位销。拉钉用于夹取机器人夹具,2 个定位销与机器人连接板上平面构成"一面两销"定位,保证机器人连接板与快换工具之间的相对位置的定位精度。

连接板的右边有 1 个垂直方向的气孔,此气孔位置与海绵吸盘的进气孔位置一致,高压空气从此引入海绵吸盘内,由海绵吸盘内置真空发生器产生负压,使海绵吸盘工作。

2. 吸盘选取

该夹具选用海绵吸盘。在选择具体型号时,需要满足吸吊工件的重量要求,同时要考虑工件外形尺寸,使吸盘的吸附平面在工件的吸附平面之内。

（1）海绵吸盘型号初步选定

本项目给定的工件最大重量为 $W=2$ kg,采用垂直吸吊的方法,因而取安全系数 $t=4$。海绵吸盘进行吸吊时,整个吸附面均处于纸箱上平面范围内,即集成在海绵吸盘内的所有吸盘均参与吸附,所以,海绵吸盘的最大吸力为 $W\times t=2\times 4=8$ kg。根据表 8.1 的吸力大小,选择海绵吸盘的型号为 ZWSA 15 . 60×120 . ES . L1。

（2）核对工件吸吊面积尺寸,确定型号

ZWSA 15 . 60×120 . ES . L1 海绵吸盘的厚度为 15 mm,长与宽尺寸为 60 mm×120 mm,最大吸吊力为 80 N。纸箱的吸吊表面面积为 400 mm×220 mm,大于海绵吸盘的长与宽,吸盘可使用。

ZWSA 15 . 60×120 . ES . L1 海绵吸盘的外形尺寸如图 8.6 所示,相关尺寸如图 8.7 所示。

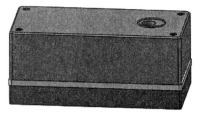

图 8.6　ZWSA 15 . 60×120 海绵吸盘

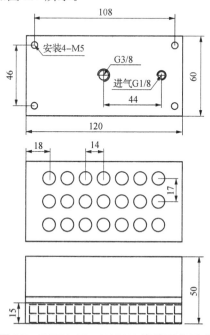

图 8.7　ZWSA 15 . 60×120 海绵吸盘尺寸

3. 关键件设计

该机器人夹具设计时,采用较长的机器人连接板,将海绵吸盘直接安装在其下方,右侧没有安装气连接件,高压空气由握爪直接引入机器人连接板内。因而,机器人连接板有 3 个作用,即上面通过拉钉与机器人连接,下面与海绵吸盘连接,同时,还能将高压空气引入海绵吸盘内。

机器人连接板的厚度设计尺寸为 15 mm,由钢板加工而成。长度和宽度由海绵吸盘的上平面尺寸确定,分别为 120 mm 和 60 mm。机器人连接板设计如图 8.8 所示。

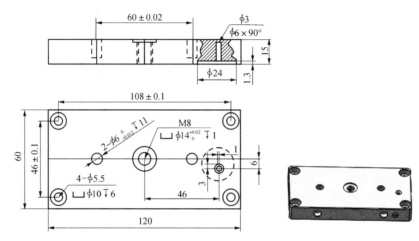

图 8.8 机器人连接板

在机器人连接板中心位置的 M8 的螺纹孔与拉钉螺纹一致。在拉钉螺纹孔的左右两侧,对称分部的 2 - φ6 为机器人连接板的定位销孔,定位孔与定位销之间采用基孔制过盈配合,定位孔公差为 H7,两者之间的距离与快换夹具的定位孔之间的距离一致,为防止 2 个定位销孔的位置发生偏差,影响与快换工具上定位孔之间的配合,故将距离加以公差限制。

在机器人连接板的 4 个角上,对称分布 4 个 φ5.5 mm 孔,此孔为 M5 螺栓孔,用于连接海绵吸盘。4 个孔左右之间的距离为 108 mm,前后之间的距离为 46 mm,设计依据是所选海绵吸盘的安装螺纹孔的位置尺寸。为保证机器人连接板的 4 个 M5 螺栓孔与海绵吸盘的安装螺纹孔位置相一致,将距离尺寸用公差加以限制。

机器人连接板右边部位的 φ3 mm 孔为气孔。为了将高压空气从快换工具引入海绵吸盘的进气孔,此处的设计方案需要满足以下要求:

一是机器人连接板上的 φ3 mm 气孔位置必须和快换工具上的气孔位置一致。快换工具上有 2 个气孔,对称分布于快换工具前后中心线的两侧,本项目机器人夹具选择其中的 1 个,该气孔的圆心与拉钉螺纹孔之间的水平距离为 46 mm,同时偏移中心线 6 mm。

二是在 φ3 mm 气孔引入的高压空气必须能传递到海绵吸盘的进气孔。

由于机器人连接板上的 φ3 mm 气孔位置必须由快换工具上的气孔确定,不可改变,而海绵吸盘的进气孔位置也是固定的,而这 2 个孔的位置不重合。

为到达此目的,在 φ3 mm 气孔的下方设计 1 个圆形凹坑,圆形凹坑的范围将海绵吸盘的进气孔包含在内,从机器人连接板上的 φ3 mm 气孔进入的高压空气进入凹坑内,便从海绵吸盘的进气孔进入海绵吸盘,如图 8.9 所示。

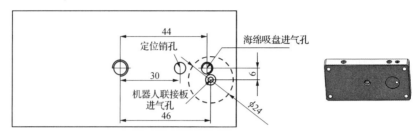

图 8.9　圆形凹坑的设计

圆形凹坑的圆心与 φ3 mm 气孔不同心，偏离的尺寸如图 8.9 所示。圆形凹坑的直径设计为 φ20 mm。同时，在凹坑内放置一个外径为 20 mm、直径为 1.5 mm 的气密封圈。直径 φ20 mm 的确定依据：海绵吸盘的进气孔必须在凹坑内气密封圈的内径范围内。同时，凹坑尽量不与拉钉右侧的定位销孔相干涉，避免右侧的定位销孔在加工深度超差时，与凹坑相贯通，从而产生漏气。

4. 夹具实物

纸箱夹具实物如图 8.10 所示。

图 8.10　纸箱夹具实物

 **思考与练习**

1. 海绵吸盘的结构有哪些特点？
2. 海绵吸盘适用于哪些场合？
3. 海绵吸盘的选取依据是什么？
4. 本项目夹具中，海绵吸盘机器人连接板的结构有什么特点？
5. 本项目夹具中，控制海绵吸盘的气路通道是怎样形成的？

【微信扫码】
参考答案

项目 9　钢块电磁吸盘快换夹具设计

**学习目标**

知识目标：

(1) 能查阅资料，选取电磁铁等元件。

(2) 能进行电磁式机器人夹具的总体方案设计。

(3) 能进行关键件的设计。

能力目标：

(1) 能查阅资料，了解电磁铁的结构与特性，并进行选取。

(2) 能分析"抓取"对象的特点，进行机器人夹具的方案设计。

(3) 能进行结构设计。

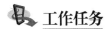**项目描述**

某数控铣床生产现场，使用机器人对长方形钢块进行取放。钢块材质为 45 号钢，尺寸大小为 150 mm×100 mm×100 mm。设计该钢块的机器人取放夹具，并可通过机器人快换工具进行夹具的更换。

【微信扫码】
电磁吸盘快换手爪视频

**工作任务**

(1) 工件夹持特点与抓取方案分析。

(2) 设计钢块取放的电磁式机器人夹具总体方案。

(3) 选择电磁铁。

(4) 设计夹具零件。

【微信扫码】
项目引导

![项目引导图标] **项目引导**

(1) 对尺寸为 150 mm×100 mm×100 mm 的钢块，可用什么方法"抓取"？

抓取方案 1 描述：_____

_____

_____。

抓取方案 2 描述：_____

_____

（2）日常生活中，你所见过的电磁铁应用场合：_____
_____。

（3）判断下述情况中，是否可以使用吸盘电磁铁进行抓取，并说明理由。

描述	可以	不可以
铜质物体		
表面平整的铸铁方块		
表面凹凸不平的长方形钢块		
厚度为 3 mm 的钢板		
使用纸箱进行包装的钢质长方形物体		
进行锻打后刚取出的 45♯ 钢方块		

（4）将 AH-P34/25S 电磁吸盘主要技术参数的数值填入下表。

吸盘直径	吸盘高度	安装孔螺纹大小	吸力	电压

（5）本项目夹具的总体组成结构描述（采用图形与文字的方式）。

（6）从机器人握爪中，将控制电压引入吸盘电磁铁的路径：_____
_____
_____。

知识学习

电磁铁在通电状态下产生强劲吸附力。电磁铁在日常生活中有极其广泛的应用。电磁铁的工作原理是电流在磁场中产生力的物理原理。电磁铁与生活联系紧密，如电磁继电器、电磁起重机、磁悬浮列车、电子门锁、智能通道闸机、电磁流量计等。

1. 电磁铁的分类

电磁铁可以分为直流电磁铁和交流电磁铁两大类型。

按照用途来划分，电磁铁主要可分成以下五种。① 牵引电磁铁：主要用来牵引机械装置、开启或关闭各种阀门，以执行自动控制任务。② 起重电磁铁：用作起重装置来吊运钢锭、钢材、铁砂等铁磁性材料。③ 制动电磁铁：主要用于对电动机进行制动以达到准确停车的目的。④ 推拉电磁铁：如自动开关的电磁脱扣器及操作电磁铁等。⑤ 其他用途的电磁铁:如磨床的电磁吸盘以及电磁振动器等。图9.1所示为常见的几款电磁铁。

| (a) 推拉电磁铁 | (b) 牵引电磁铁 | (c) 吸盘电磁铁 |

图9.1 电磁铁

2. 电磁铁的优点与应用

电磁铁磁性的有无可以用通、断电流控制。磁性的大小可以用电流的强弱或线圈的匝数多少来控制。也可通过改变电阻控制电流大小来控制磁性大小。它的磁极可以由改变电流的方向来控制。即磁性的强弱可以改变,磁性的有无可以控制,磁极的方向可以改变,磁性可因电流的消失而消失。

电磁铁在各行各业均有广泛的应用,如某汽车侧壁焊接磁力装夹夹具。汽车生产线中侧壁焊接工位采用磁力吸附工件,改变了气缸夹紧方式,改善了吸力大小不均匀的问题,节省空间,不需要气路或者油路,只需要接电源,自动化程度高。如图9.2所示。

图9.2 电磁铁应用案例

不同用途的电磁铁,有不同的使用注意事项。如使用吸盘电磁铁时,需要注意以下几点:

(1)被吸物体必须是导磁良好的材料。

(2)使用小型电磁铁的吸附物体表面要尽可能的平整,不能凹凸不平,从而影响使用效果。

(3)吸附物体的厚度不小于8 mm、吸附面积不小于电磁铁的面积,且与吸附物体保持贴合,之间没有间隔距离或其他物体阻隔。

(4)机械手吸盘电磁铁不能用于吸持高温物体。

3. 机械手吸盘电磁铁

机械手吸盘电磁铁也是电磁铁中的一类,用于自动化设备中,如自动化配送生产线、机械手、分拣机器、试验设备、研磨、医疗设备、切削等自动化加工生产线上的材料或者产品的传送、输送等,它的优点是控制简单,省电省力,安全可靠,而且还可以进行远程操作。

图 9.3 所示为某吸盘式电磁铁。

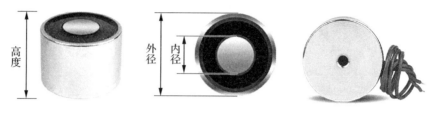

图 9.3　吸盘电磁铁

（1）安装和控制原理

吸盘电磁铁适用直流电源,常用电压为 DC 5V、VDC 12V、DC 24V。吸盘的控制较为简单,当对吸盘施加标准电压时,吸盘工作。

吸盘电磁铁上平面中心有安装螺纹孔,可方便地对吸盘进行安装。

（2）型号

某公司生产的吸盘电磁铁型号的含义如下:

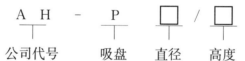

表 9.1 所示为该公司部分吸盘电磁铁的技术参数。表中的吸力是工件的厚度为 8 mm 以上且吸盘电磁铁与工件之间无间隙时的吸力,即最大吸力。

表 9.1　吸盘电磁铁的技术参数

型号	直径（mm）	高度（mm）	安装孔（mm）	吸力（kg）	电压（V）	电流（A）	功率（W）
AH－P12/12S	12	12	M3	1	DC 24	1	24
AH－P20/23S	20	23	M4	3	DC 24	0.9	12
AH－P25/29S	25	29	M4	8	DC 24	0.5	15.5
AH－P30/28S	30	28	M4	15	DC 24	0.65	15.5
AH－P34/25S	34	25	M5	20	DC 24	0.6	14.5
AH－P63/29S	63	29	M8	80	DC 24	1.3	31
AH－P100/40S	100	40	M10	220	DC 24	5	120

本项目给出的气动原理图中,由多个气动元件之间相互协调,共同完成规定的控制任务。每一个单独的元件,都只能完成一个局部的功能,还必须有使其工作的条件。比如:单向阀可以使气流在一定的区域内单方向流通,但是没有气流通过时,此单向阀就起不到任何作用。

职业素养

俗话说"一只蚂蚁来搬米,搬来搬去搬不起,两只蚂蚁来搬米,身体晃来又晃去,三只蚂蚁来搬米,轻轻抬着进洞里。"这正是团结协作的结果。当今社会,单凭个人力量,很难完成错综复杂的工作任务,需要人们组成团队,并要求成员之间相互依靠、相互关联、相互合作,进行必要的行动协调,依靠团队的力量创造奇迹。

正确地认识自我,融入团队,协调合作,是我们需要努力养成的一种精神。

项目实施

项目 9 实施单

项目名称	钢块电磁吸盘快换夹具设计	姓名	
小组成员		小组分工	
资料	教材、电磁吸盘资料、网络资源、机械设计手册	工具	电脑、CAD 绘图软件
项目实施			
1. 钢块的结构特点与夹持方案分析			
2. 画出钢块电磁吸盘快换夹具的总体方案图			
3 写出电磁吸盘型号选取的过程			
4. 写出直流电压进入电磁吸盘的电路路径			
5. 写出设计的夹具零件名称			

1. 总体设计

1) 工件特点与吸吊方案分析

钢板为导磁体,平面较平整,且刚性高,不易变形,钢块的厚度为 100 mm。对于这样的钢块,可以采用夹钳式夹具,也可以采用吸盘电磁铁对工件进行吸吊。

在进行吸附点数量和位置布局时,可以有多种方案。例如:工件的四个角的四点吸附、工件的中心位置的一个点吸附、重心位置在工件中心的三角形布局等多种方案,这些方案都是可行的。根据项目给定的钢板尺寸,本方案使用三个吸盘电磁铁,在钢板的纵向中心线上等距离布置,间距为 40 mm。吸盘电磁铁与钢板的位置如图 9.4 所示。

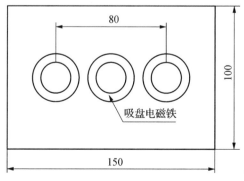

图 9.4 吸盘电磁铁的布置

2）夹具结构原理

夹具设计如图 9.5 所示。

图 9.5　机器人夹具

机器人连接板上通过螺纹连接有拉钉，以便由快换工具抓取拉钉进行夹具的自动抓取与存放。在自动更换夹具时，夹具需要与快换工具之间进行定位，故在机器人连接板上固定安装两个定位销，定位销的直径和距离位置根据快换工具进行确定。

在机器人连接板左侧安装电连接块，用于将电源从机器人快换工具内引入吸盘电磁铁内。机器人连接板下方固定连接吸盘固定板，用于安装三个吸盘电磁铁。为了使机器人夹具的外观更为美观，在吸盘固定板下方安装一块罩壳，将电磁铁进行遮掩。

吸盘电磁铁的电源线为两根 $0.75~mm^2$ 的铜芯 RVV 电源线。电连接块、吸盘电磁铁固定板和罩壳内均有设有凹坑或孔，并且相互贯通形成电源线通道，以便 3 个吸盘电磁铁的电源线通过。夹具的电源通道如图 9.6 所示。

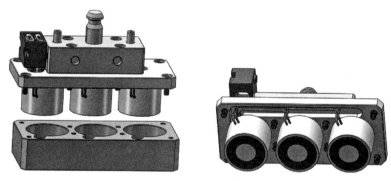

图 9.6　电源通道

形成电源通道的相关零件电连接块、吸盘电磁铁固定板和罩壳如图 9.7 所示。

图 9.7　电源通道分解

2. 吸盘电磁铁的选取

吸盘电磁铁必须满足吸力要求，同时，所有吸盘电磁铁吸附面必须在工件吸附的平面范围内。

已知工件的尺寸为 150 mm×100 mm×100 mm,则工件重量为:

$G=0.15×0.1×0.1×7\ 800=0.001\ 5×7\ 800=11.7(kg)$

取安全系数,$A=4$,则夹具总吸吊力 $F=11.7×4=46.8(kg)$

根据表 9.1,选择型号为 AH-P34/25S 的吸盘电磁铁。其单个吸力为 20 kg,三个吸盘的合力为 60 kg,满足吸力要求。

吸盘电磁铁 AH-P34/25S 的外径为 34 mm,按照图 9.4 所示位置部件布局,吸盘电磁铁与工件的接触面在工件吸附的平面范围内。

3. 关键件设计

夹具设计时,需要使用内六角螺栓。内六角螺丝的尺寸规格有很多种,符合国家标准 GB 70—1985 的螺栓尺寸的头部直径和高度见表 9.2。

表 9.2 螺栓参数

螺纹	螺栓头直径(mm)	螺栓头高度(mm)
M2	3.8	2
M3	5.5	3
M4	7	4
M5	8.5	5

1)电连接块

电连接块用于将机器人快换工具上的电源引入夹具内,如图 9.8 所示。

图 9.8 电连接块

图 9.9 导电针

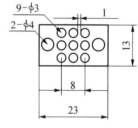

图 9.10 导电针安装位置

在电连接块上,安装有导电针安装座,并用螺栓与电连接块固定连接。导电针的位置必须与握爪配电块中的导电孔位置一致。

所选取的导电针为 2.0 平头铜针,其总长度为 8.2 mm,平头直径为 2.0 mm,尾部直径为 0.8 mm,如图 9.9 所示。吸盘电磁铁的导线焊接到其中对应的导电针尾部。

导电针安装座内安装九根 2.0 平头铜针,九根平头铜针的位置与机器人快换工具上的位置一致,且需要用螺栓进行固定。导电针安装位置的设计如图 9.10 所示。导电针孔直径取 3 mm,孔边缘间距取 1 mm,安装螺栓规格为 M2 内六角螺栓,按照表 9.2,螺栓大头直径为 $\phi3.8$ mm,取螺栓孔沉头孔直径为 $\phi4$ mm。导电针安装块的长度包含三个导电针孔直径 $\phi3$ mm、两个 M2 螺栓沉头孔直径 $\phi4$ mm 和六个间距,即 $L=3×3+2×4+6×1=9+8+6=23$ mm。同理,宽度 $W=3×3+4×1=13$ mm。

上述导电针安装座的设计尺寸,是电连接块设计尺寸的前提。电连接块设计如图9.11所示。

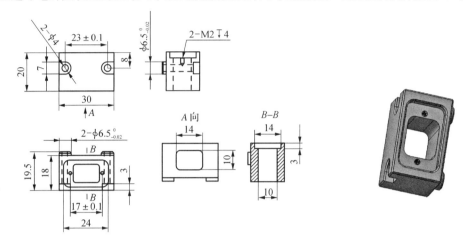

图 9.11 电连接块

电连接块的长度、高度尺寸与机器人连接板的宽度、高度尺寸相同,分别为 30 mm 和 20 mm。由于导电针安装座的设计长度尺寸为 23 mm,小于电连接块的长度 30 mm,可以满足安装要求。导电针安装座凹坑前后两侧面的壁厚设计为 2 mm,导电针安装座的宽度为 13 mm,与电连接块凹坑之间留有 0.5 mm 的间隙,则电连接块的厚度尺寸设计为 18 mm。

2 - φ4 mm 为电连接块的安装螺栓孔,螺栓为内六角 M3。2 - φ6.5 mm 的凸圆用于和机器人连接板进行配合,采用"一面两销"的定位原理,保证电连接块与机器人连接板之间的相对位置,从而使机器人快换工具上的导电针与电连接块内安装的导电针能可靠地接触。内六角螺栓 M3 的螺栓头直径为 5.5 mm,固将螺栓头的沉坑部分的宽度设计为 7 mm。

电连接块上 24 mm×14 mm×3 mm 的长方形凹坑,是安装导电针安装座的位置。其距离为 17 mm 的 2 - M2 螺纹孔用于安装导电针安装座。

在导电针安装座凹坑的下方,开设长方形方洞,并与凹坑贯通,可以容纳导电针与吸盘电磁铁的电源线,如图 9.12 所示。方洞的横截面尺寸为 14 mm×10 mm,其中注意方洞的横截面长度尺寸 14 mm 与距离为 17 mm 的 2 - M2 螺纹孔的位置和大小有关,如果此尺寸太大,将破坏 2 - M2 螺纹孔。

图 9.12 电磁铁的电源线

2)吸盘电磁铁固定板设计

吸盘电磁铁固定板不仅用于固定三个吸盘电磁铁,同时要能将吸盘电磁铁的电源线引入电连接块中,如图 9.13 所示。

图 9.13 吸盘电磁铁固定板

已知所选的吸盘电磁铁直径为 $\phi34$ mm,根据吸盘电磁铁的布置图可知,两个吸盘电磁铁之间的距离为 40 mm。设计时,考虑固定板下方走线槽的位置和吸盘电磁铁护罩安装孔位置等因素,取吸盘电磁铁与固定板左右两边的距离为 10 mm,上下两边的距离为 10 mm。则固定板长度 $L=80+34+2\times10=80+34+20=134$ mm,宽度 $W=34+2\times10=54$ mm。为保证固定板的强度,厚度取 9 mm,如图 9.14 所示。

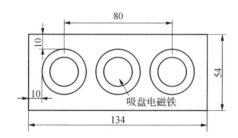

图 9.14 吸盘电磁铁固定板面积尺寸

吸盘电磁铁固定板前后中心线上,对称分布着三个螺栓孔 3 - $\phi6$ mm,用于使用 M5 内六角螺栓将三个吸盘电磁铁与吸盘电磁铁固定板固定起来。由于 M5 内六角螺栓头直径为 8.5 mm,螺栓头高度为 5 mm,所以,螺栓孔沉孔直径设计为 $\phi10$ mm,螺栓孔沉孔深度为 6 mm,大于螺栓头高度为 5 mm,使螺栓头上平面低于吸盘电磁铁固定板上平面,不影响固定板与机器人连接板的接触面。吸盘电磁铁固定板设计如图 9.15 所示。

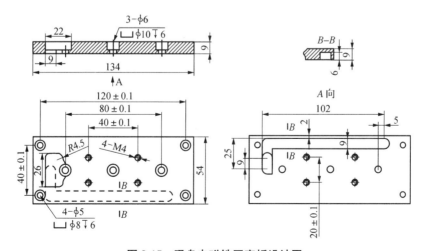

图 9.15 吸盘电磁铁固定板设计图

4－M4 螺纹孔用于与机器人连接板进行固定。

吸盘电磁铁固定板的左侧，即在电连接块的一侧，设计一个宽度为 22 mm、长度为 26 mm的凹坑，此坑与电连接块下方孔的位置相对应，形成电源线通道，该凹坑的长度 26 mm 不大于电连接块的长度 30 mm，使此凹坑将在视觉上被电连接块下平面遮掩，使夹具外观美观。

图 9.16　左端凹坑

在凹坑的左下角设计一个宽度为 9 mm 的长槽，用于将吸盘电磁铁电源线从这里穿过。凹坑如图 9.16 所示。

吸盘电磁铁固定板的下平面，设计一段"L"形电源线槽，用以容纳吸盘电磁铁的电源线，如图 9.17 所示。三个吸盘电磁铁的六根电源线，分别嵌入"L"形电源线槽内，最后汇集到长度为 9 mm 的腰孔处，并穿过固定板。图 9.18 所示为 CAD 图，图中虚线部分为吸盘电磁铁的位置。"L"形电源线槽的形状、宽度和长度尺寸如图 9.18 所示，深度为 6 mm。吸盘电磁铁的电源线为 0.3 cm² 的 RV 电子线单芯多股软线，其外径为 1.8 mm，此槽足以容纳六根电源线。

图 9.17　固定块电源线槽

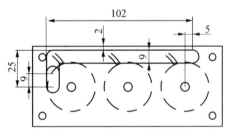

图 9.18　固定块电源线槽位置图

3）吸盘电磁铁护罩的设计

当吸盘电磁铁吸吊工件时，工件会对电磁铁产生瞬间的冲击。为了保护吸盘电磁铁并增加机器人夹具的美观性，设计一个电磁铁护罩。电磁铁护罩的设计如图 9.19 所示。

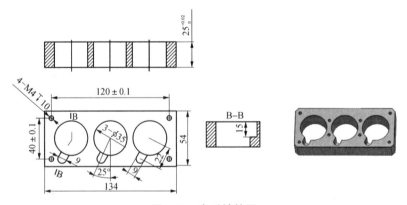

图 9.19　电磁铁护罩

电磁铁护罩的长度 134 mm 和宽度 54 mm 尺寸与吸盘电磁铁固定板的长度和宽度相同。固定板厚度由吸盘电磁铁的高度确定，即取 25 mm，而且固定板的厚度由公差加以限制，使厚度的最小值为 25 mm，最大值为 25.02 mm，保证吸盘电磁铁的下平面不露出电磁铁护罩的下平面,当吸吊工件时,工件与电磁铁护罩的下平面接触,同时,保证吸盘电磁铁与加工之间的间歇不超过 0.02 mm,基本不影响吸力大小。

三个圆孔 3-φ35 mm 用于容纳吸盘电磁铁,其直径比吸盘电磁铁直径 φ34 mm 略大。在每个圆孔的左下角处,开设宽度为 9 mm 的电源线槽,将吸盘电磁铁的电源线从此引出。电源线槽的深度为 15 mm。电源线槽如图 9.20 所示。

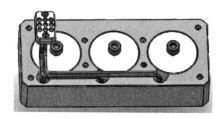

图 **9.20** 护罩电源线槽

4. 电磁铁电信号的传递

电磁铁线圈通电时,产生吸力。电磁铁的线圈供电是通过握爪左侧的配电块完成的。图 9.21 所示为握爪配电块与配气块示意图。

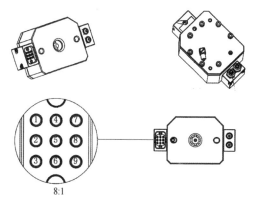

8:1

图 **9.21** 握爪配电块与配气块使用图

机器人将夹具需要的 DC 24V 电源,引入配电块的 1♯ 和 3♯ 脚上,如表 9.3 所示。

表 **9.3** 配电块电源脚号定义

脚号	1♯	2♯	3♯	4♯	5♯	6♯	7♯	8♯	9♯
定义	24 V		0 V				/	/	/
线缆颜色	绿	黑	红	黄	白	棕	/	/	/

三个电磁铁的电源线均连接到夹具左侧电连接块的 1♯ 脚和 3♯ 脚上,通过电连接块与配电块的配合,为电磁铁供电。

电气控制系统中,机器人通过控制中间继电器 K2 的线圈,使其常开触点接通或断开,从而控制握爪配电块上 1♯ 脚和 3♯ 脚的电压接通或断开,使电磁铁接通或断开电源。电磁铁的电源控制原理如图 9.22 所示。

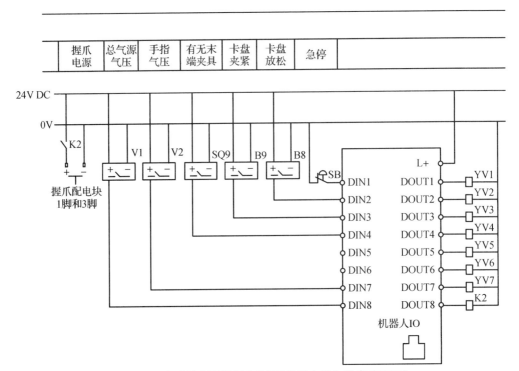

握爪 电源	总气源 气压	手指 气压	有无末 端夹具	卡盘 夹紧	卡盘 放松	急停	

图 9.22　电磁铁电源控制电路图(机器人输入输出信号图)

5. 夹具实物

钢块夹具实物如图 9.23 所示。

图 9.23　钢块夹具实物

 **思考与练习**

1. 按照用途来划分,电磁铁有哪些种类?
2. 吸盘电磁铁的使用注意事项有哪些?
3. 吸盘电磁铁有哪些技术参数?
4. 吸盘电磁铁的选取依据是什么?
5. 本项目夹具中,吸盘电磁铁固定板的结构有什么特点?
6. 本项目夹具中,吸盘电磁铁的电缆通道是怎样形成的?

【微信扫码】
参考答案

150

项目 10 气动打磨机快换夹具设计

 学习目标

知识目标：

(1) 熟悉打磨机的使用方法。

(2) 熟悉气动打磨机等专用工具的特点。

能力目标：

(1) 能查阅资料，了解气动打磨机的结构与使用方法。

(2) 能根据给定的气动打磨机，进行机器人夹具的方案设计。

(3) 能进行关键件的设计。

 项目描述

某产品生产线上，根据打磨工件的形状、材质、尺寸、打磨部位、产量节拍等资料信息，提出机器人打磨的系统集成设计方案，包括机器人及外围设备的硬件、配置、布局等，经过研究，确定选用 2 吋气动打磨机进行打磨作业。设计气动打磨机机器人夹具，并可以通过快换工具进行夹具更换。

【微信扫码】
打磨机快换夹具视频

工作任务

(1) 专用工具夹持方案分析。

(2) 设计打磨机机器人夹具总体方案。

(3) 设计夹具零件。

项目引导

(1) 日常生活中，常见的气动打磨机应用场合：_____

_____

_____ 。

(2) 画出 2 吋气动打磨机的外形图，并标注尺寸。

【微信扫码】
项目引导

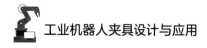

（3）针对不同的打磨对象，需要使用不同的打磨材料。填写下表。

材料	打磨对象
植绒砂纸	
海绵	
羊毛	

（4）由于气动打磨材料不具有很强的切削力，所以，在使用打磨机进行打磨时，如果遇到薄、脆、硬等情况时，需要使打磨机可以有一定程度的缓冲。由于上述使用特点，在设计打磨机夹具时，可以采用什么方案？

方案：_____。

描述：_____

_____

_____。

示意图：

（5）画出夹具方案图。

知识学习

气动打磨机是运用压缩空气带动气动马达而对外导出动能工作的一种气动工具。

气动打磨机的功能：用于各种金属、木材、塑料、橡胶、石材等材料的研磨、打蜡、抛光等。

在现代机械制造、船舶制造、汽车制造等众多领域，打磨机是不可缺少的关键设备之一。如用于汽车钣金表面的打磨、汽车喷涂油漆面的抛光等。

1. 气动打磨机结构

气动打磨机由打磨输出轴、气动马达、进气与排气的气路、进气量调节阀、启用与暂停操控部分、工具壳体等主体部分组成。

某公司生产的 2 吋气动打磨机如图 10.1 所示。

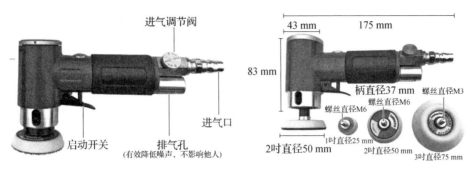

进气调节阀

43 mm   175 mm

83 mm

柄直径37 mm

螺丝直径M3

螺丝直径M6

螺丝直径M6

进气口

启动开关   排气孔
(有效降低噪声，不影响他人)

1吋直径25 mm

2吋直径50 mm   2吋直径50 mm   3吋直径75 mm

图 10.1   气动打磨机

2. 气动打磨机优点

（1）可以应用于爆炸性、腐蚀性、高温及潮湿的工作环境中。

（2）可超负荷操作而不致使使打磨机烧毁。

（3）构造简单、经久耐用、维护保养相对容易。

（4）输出扭矩大、重量轻、效率高。

（5）可实现无级调速，以及可产生旋转、往复及冲击运动等优点。

3. 气动打磨机应用

图 10.2 所示为气动打磨机在汽车美容、家具生产、油漆等方面的应用场景。

(a) 汽车美容   (b) 家具打磨   (c) 油漆打磨

图 10.2   气动打磨机应用

图 10.2(a)所示为气动打磨机用于汽车打磨、打蜡、封釉、去污等；图 10.2(b)所示为气动打磨机用于各种家具的打磨；图 10.2(c)所示为气动打磨机用于汽车、船舶等油漆打磨、原子灰打磨。

4. 气动打磨机打磨材料

气动打磨机本身没有研磨能力，需要在打磨机研磨表面链接打磨材料，如砂纸、工业擦拭百洁布、海绵、羊毛球等，如图 10.3 所示，使其能够具有超强的研磨能力。气动打磨机操作过程中研磨能力的强弱主要取决于两个因素，一个是打磨机的转速，另一个则是砂纸的粒度。

植绒砂纸可用于粗磨、细磨，羊毛球可用于精细抛光，海绵可用于抛光打蜡。

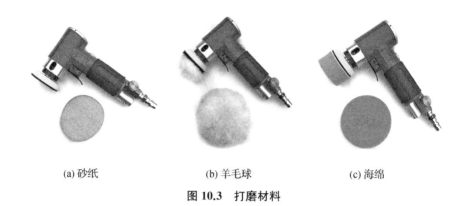

| (a) 砂纸 | (b) 羊毛球 | (c) 海绵 |

图 10.3　打磨材料

5. 气动打磨机的控制原理

气动打磨机是通过连接高压空气的方式,提供气动能力实现打磨机持续运转。采用调节进气量的方法,调整出适合研磨各种部件的研磨速度。

> **职业素养**
>
> 　　打磨机在运转时,打磨轮的速度较快,存在着脱落、破碎等安全风险。所以,在装配打磨轮时,需要按照指导书,保证旋转轴上主要零件的装配方向、顺序和相互关系,拆卸时要按照合理的顺序完成,否则轴系上的零部件就可能安装不上或安装后不能正常的运转。
>
> 　　指导书是一种装拆准则,事关打磨机的正常使用和操作者的安全,需要严格遵守。
>
> 　　事实上,每一个人都会受到各种法律、制度、准则的约束,我们需要自觉接受这样的约束,按章行事、依法生活。学生在学校要遵守学校的规章制度,在工作单位要遵守企业的规则,在生活中要遵守国家的法律原则。

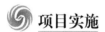 **项目实施**

项目 10 实施单

项目名称	气动打磨机快换夹具设计	姓名	
小组成员		小组分工	
资料	教材、真空吸盘资料、网络资源、机械设计手册	工具	电脑、CAD 绘图软件
项目实施			
1. 夹具设计时,使气动打磨机可以缓冲的措施			
2. 画出气动打磨机快换夹具的总体方案图			
3. 写出高压空气进入气动打磨机的气路路径			
4. 写出设计的夹具零件名称			

1. 总体设计

1) 夹具总体方案设计

打磨是一种改性技术,借助于粗糙物体(如含有较高硬度颗粒的砂纸等),通过摩擦改变材料表面物理性能的一种加工方法,主要是为了获取特定表面粗糙度。机器人打磨方案的设计,需要综合考虑机器人、打磨工具、力控制设备、工装夹具等外围辅助设备硬件系统和机器人防碰撞等软件系统组成。

本项目的前提条件是假定机器人打磨方案已经确定,并且已经进行了充分的分析,确定使用 2 吋气动打磨机进行打磨。本项目任务是设计 2 吋气动打磨机机器人夹具。

根据 2 吋气动打磨机的结构尺寸,打磨机的夹持点和机器人夹具总体设计方案如图10.4所示。

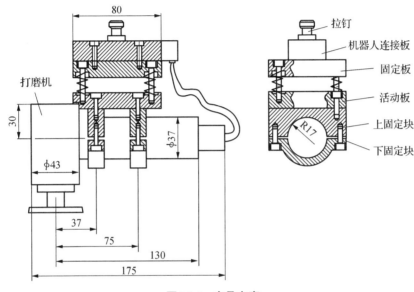

图 10.4 夹具方案

(1) 气动打磨机的夹持点确定

2 吋气动打磨机的总长为 175 mm,前端圆柱部分的直径为 $\phi43$ mm,打磨轴旋转中心到手柄尾端的长度为 130 mm,手柄直径为 37 mm。

机器人连接板的长度设计为 80 mm,右侧安装气连接块。

在确定打磨机夹持位置时,采用两点夹持手柄的方案夹持打磨机。打磨时,打磨机承受的力为打磨机旋转轴所承受的轴向力和径向力。从受力角度分析,手柄上靠近打磨轮的一个夹持点应尽量靠近打磨机旋转轴心,后一个夹持点应尽量远离前一个夹持点。

为减小机器人夹具的尺寸,现将后面一个夹持点设计在打磨机手柄长度的中心点偏尾部 10 mm 的位置。考虑到夹持固定块的宽度、活动板的连接等因素,前面的夹持点与打磨机旋转中心的距离为 37 mm。

(2) 夹紧方案确定

打磨机手柄为圆柱体,常用的夹紧圆柱体的方法有以下几种:

① 用两个小半圆柱进行夹紧。半圆柱夹紧圆柱体时,两者的接触面积大,可以克服较大的旋转扭矩。

② 用两个 V 形块或者用一个 V 形块配合夹紧板进行夹紧。在圆柱的横截面上,两个 V 形块为四点夹紧,一个 V 形块配合夹紧板为三点夹紧。夹紧时,V 形块与圆柱之间为线接

触,夹紧时圆柱的位置较为准确,但不能承受大的旋转扭矩。

③ 用胀套进行夹紧。这样方法能获得较好的夹持精度与夹持力,并可以克服较大的旋转扭矩。缺点是结构较为复杂。

综合分析上述方法,本项目采用两个半圆柱的方法对打磨机进行夹紧。

（3）缓冲机构的设计

当打磨机收到较大打磨力或者受到冲击力时,打磨机应用有一定程度的缓冲,以免破坏打磨工件或者破坏打磨机。

通过上固定块和下固定块夹持打磨机手柄,固定块上的圆弧部分与手柄接触。上固定块和下固定块之间留有间歇,以便通过螺栓将打磨机可靠夹持。为了有效地防止打磨时薄脆工件的破碎,设计一个在活动板,在活动板与固定板之间安装弹簧,起到缓冲的作用。

2）夹具结构原理

气动打磨机机器人夹具设计如图 10.5 所示。

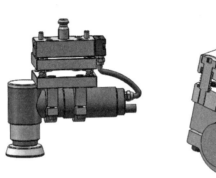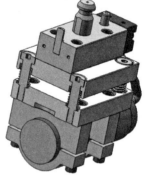

(a)装配图　　　　　　　(b)活动板与固定板活动连接

图 10.5　气动打磨机机器人夹具

机器人连接板上,安装有拉钉和两个定位销,拉钉用于夹持机器人夹具,通过两个定位销和机器人连接板上平面,对机器人夹具进行"一面两销"定位。在机器人连接板右侧安装气连接块,用于将高压空气从机器人快换工具内引入气动打磨机内。根据打磨机进气孔的位置,在气连接块与打磨机之间,采用外接气管的方法。

机器人连接板下方固定连接固定板,固定板与活动板两者之间安装有弹簧,通过螺栓将固定板和活动板进行活动连接,如图 10.5(b)所示,使活动板会有一定程度的缓冲。

固定块与活动快均设有半圆形圆弧槽,一个固定块与一个活动快组成一对,形成的圆孔用于夹持打磨机手柄。上固定块安装于活动板下方,下固定块用螺栓与上固定块进行固定连接。上、下固定块之间不相互接触,有一定间隙,以便将打磨机手柄夹牢。

2. 关键件设计

1）活动板的设计

活动板上方与固定板相连接,下方安装固定块。

在设计活动板时,根据总体设计方案,在明确相关标准件规格、零件壁厚等条件的基础上,方可进行零件的详细设计。如明确弹簧规格、连接螺栓规格、活动块壁厚等。

夹具设计时,需要使用内六角螺栓。内六角螺丝的尺寸规格有很多种,符合国家标准 GB 70—1985 的螺栓尺寸的头部直径和高度如表 10.1 所示。

表 10.1 螺栓参数

螺纹	螺栓头直径(mm)	螺栓头高度(mm)
M3	5.5	3
M4	7	4
M5	8.5	5

(1) 夹具装配图设计

总体设计方案中,给出了气动打磨机的相关尺寸和夹持打磨机手柄的位置尺寸。各零件的具体尺寸,还需要进行详细设计。

通过计算,选用弹簧规格为 D11 mm×25 mm,即弹簧外径为 11 mm,长度为 25 mm。

机器人连接板与固定板之间的连接螺栓为 M4 内六角螺栓,固定板与活动板之间的连接螺栓为 M5 内六角螺栓,活动板与上固定块通过 M5 内六角螺栓进行固定连接,上固定块与下固定块通过 M5 内六角螺栓进行固定连接。

由表 10.1 可知,M5 内六角螺栓的螺栓头直径为 φ8.5 mm,螺栓头高度 5 mm,据此确定螺栓头沉坑直径为 φ10 mm、深度为 6 mm。弹簧 D11 mm×25 mm 的两头沉坑直径设计为 φ12 mm。为保证下固定块的强度,下固定块的厚度确定为 8 mm、宽度为 15 mm。

上述关键因素确定后,可以确定出夹具零件的关键尺寸,例如活动快的长度等。机器人夹具装配图如图 10.6 所示。

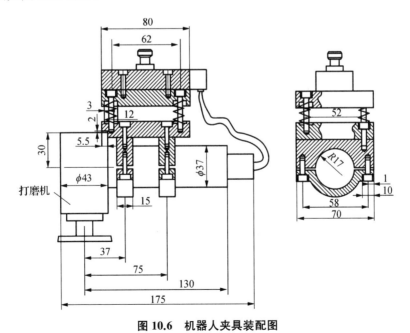

图 10.6 机器人夹具装配图

(2) 活动板设计

由装配图可知,活动板的长度为 80 mm,宽度为 70 mm,厚度取 14 mm。

活动板的设计如图 10.7 所示。

活动板上的 4-φ6 mm 四个孔为 M5 螺栓孔,用于在活动板下方连接上固定块,螺栓孔的螺栓头沉孔为 φ10 mm,深度为 6 mm,使得 M5 螺栓头低于活动板上平面。四个孔呈上下、左右对称,左右距离为 38 mm,与气动打磨机的夹持点位置一致。前后距离为 52 mm,此距离由打磨机手柄直径、下固定块固定螺栓和下固定块的壁厚决定,如图 10.7 所示左视图。

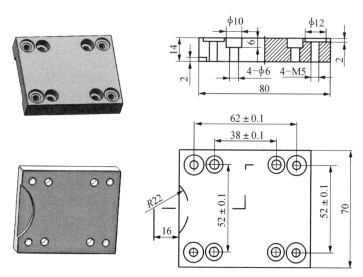

图 10.7 活动板设计图

活动板上的 4-M5 螺纹孔用于和固定板连接,沉孔 φ12 mm 用于容纳弹簧头部,增强弹簧的稳定性,该沉孔直径略大于弹簧外径,深度为 2 mm。四个螺纹孔呈上下、左右对称,按照距离尽量大的原则进行设计,但受限于活动板长度和宽度尺寸、弹簧沉孔直径和固定块螺栓孔 4-φ6 mm 的位置,左右距离设计为 62 mm,前后距离为 52 mm。

为避免打磨机与活动板之间产生干涉,在活动板的下方中间部位,加工出一个圆弧,圆弧中心距离活动板边缘 16 mm,半径为 22 mm,略大于打磨机打磨头部分的直径,深度为 2 mm。

2)固定板设计

固定板上方连接机器人连接板,下方连接活动板。固定板的面积与活动板相同,即长度为 80 mm,宽度为 70 mm。厚度尺寸需要保证活动板安装螺栓头底面厚度不太薄弱,总厚度设计为 14 mm。

固定板上 4-M4 螺纹孔用于连接机器人连接板,深度设计为 10 mm,其位置尺寸 40 mm 和 20 mm 按照机器人连接板上的螺栓孔位置保持一致。

固定板上 4-φ6 mm 圆孔为连接活动块的 M5 螺栓孔,根据 M5 螺栓头直径 φ8.5 mm 和高度 5 mm,确定沉孔直径为 φ10 mm,深度为 6 mm。其位置尺寸与活动板上对应的螺纹孔位置一致,分别为左右距离 62 mm,前后距离 52 mm。

在固定板的下平面上,与此 4-φ6 mm 圆孔同轴的位置,设计直径为 φ12 mm 的沉孔,深度为 3 mm,用于容纳弹簧头部,弹簧外径为 φ11 mm。

固定板设计如图 10.8 所示。

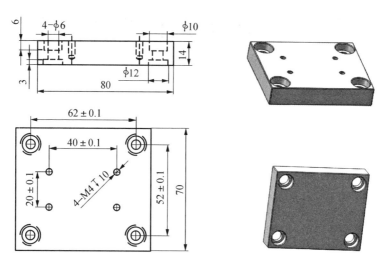

图 10.8 固定板设计

3. 夹具实物

气动打磨机夹具实物如图 10.9 所示。

图 10.9 打磨机夹具实物

思考与练习

1. 气动打磨机有哪些功能？
2. 气动打磨机的工作原理是什么？
3. 设计气动打磨机机器人夹具时，夹持方案是怎样确定的？
4. 设计气动打磨机机器人夹具时，为什么需要采取减震措施？
5. 气动打磨机在使用时，机器人是如何向夹具提供压缩空气的？

【微信扫码】
参考答案

项目 11　气动风磨笔快换夹具设计

 学习目标

知识目标：

（1）熟悉气动风磨笔的使用方法。

（2）熟悉气动风磨笔的特点。

能力目标：

（1）能查阅资料，了解气动风磨笔的结构与使用方法。

（2）能根据给定的气动风磨笔，进行机器人夹具的方案设计。

（3）能进行关键件的设计。

项目描述

【微信扫码】
角磨机快换夹具视频

某焊接生产线上，根据焊接部位的形状、材质、尺寸、打磨部位、产量节拍等资料信息，提出了机器人打磨的系统集成设计方案，并确定选用 MAG－093N 气动风磨笔进行打磨作业。设计气动风磨笔机器人夹具，并可以通过快换工具进行夹具更换。

工作任务

（1）专用工具夹持方案分析。

（2）设计气动风磨笔机器人夹具总体方案。

（3）设计夹具零件。

 项目引导

【微信扫码】
项目引导

（1）日常生活中，常见的气动风磨笔应用场合：＿＿＿＿＿＿＿＿＿＿＿＿＿＿＿

＿＿

＿＿＿＿＿＿＿＿＿＿＿＿＿＿＿＿＿＿＿＿＿＿＿＿＿＿＿＿＿＿＿＿＿＿＿＿＿＿＿。

（2）画出 MAG－093N 气动风磨笔的外形图，并标注尺寸。

（3）查阅资料。

① 通过互联网,查阅型号为 PU8＊5 高压软管的内径和外径大小：＿＿＿＿＿＿＿＿

＿＿。

② 选择合适的气管接头,画出外形图,并标注尺寸。

（4）画出夹具方案图。

知识学习

气动风磨笔,又称风磨机,其工作原理是通过连接高压空气的方式,使强流气体冲击气动马达,实现持续旋转输出的一种气动工具。气动风磨笔的空载最高转速达到 20 000 转/分钟。

1. 气动风磨笔的应用

气动风磨笔为轻便式笔状结构性设计,具有小体积,高转速、低噪声、大力矩、耗气量低、轻巧平稳(抖晃率极低)等特性。其主要功能:用于金属打磨、修整、倒角,模具抛光,石(木)材雕刻、钻孔、除锈、研磨等作业。

图 11.1 所示为气动风磨笔的应用场景。

  (a)打磨   (b)雕刻   (c)去锈   (d)抛光

图 11.1　风磨笔应用场景

根据工作需要,风磨笔可以安装各种不同材质、不同形状的磨头或磨轮,如砂轮磨头、金刚石磨头、钨钢磨头、橡胶磨头、羊毛磨头等,如图 11.2 所示。

图 11.2　磨头

砂轮磨头可用于打磨、去锈、抛光;金刚石磨头可用于雕刻、倒角、去毛刺等;钨钢磨头常用于倒角或去毛刺;橡胶磨头常用于精磨抛光;羊毛磨头可用于镜面抛光。

2.气动风磨笔结构

气动风磨笔主要由主轴、气动马达、气路、转速调节机构、启用与停止操控、工具壳体等主体部分组成。MAG-093N 气动风磨笔如图 11.3 所示。

MAG-093N 气动风磨笔的高压空气通过内径为 5 mm 的气管从尾部的大孔接入,并从尾部的小孔排出,如图 11.4 所示。

转速调节机构可以调节进入气动风磨笔的进气量大小,从而达到调整出合适的旋转速度的目的。调节机构如图 11.5 所示。

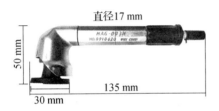
图 11.3　气动风磨笔

图 11.4　风磨笔尾部

图 11.5　风磨笔转速调节

气动风磨笔具有以下优点:

(1)可以应用于爆炸性、腐蚀性、高温及潮湿的工作环境中。

(2)结构轻巧,空载转速高。

(3)维护保养相对容易。

(4)可实现无级调速。

项目实施

项目 11 实施单

项目名称	气动风磨笔快换夹具设计	姓名	
小组成员		小组分工	
资料	教材、气动风磨笔资料、网络资源、机械设计手册	工具	电脑、CAD 绘图软件
项目实施			
1.气动风磨笔的夹持位置确定			
2.画出气动风磨笔快换夹具的总体方案图			
3.写出高压空气进入气动风磨笔的气路路径			
4.写出设计的夹具零件名称			

1.总体设计

1)夹具总体方案设计

气动风磨笔借助于具有较高硬度颗粒的磨头,对钢材、石头、木材等各种材料进行研磨、雕刻、修整、抛光等。机器人打磨方案的设计,需要综合考虑机器人、打磨工具、力控制设备、工装夹具等外围辅助设备硬件系统和机器人防碰撞等软件系统组成。

本项目的前提条件是假定机器人打磨方案已经确定,并且已经进行了充分的分析,确定使用 MAG‐093N 气动风磨笔进行打磨。本项目任务是设计动风磨笔机器人夹具。机器人夹具的总体设计方案如图 11.6 所示。

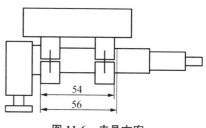

图 11.6 夹具方案

(1)气动风磨笔的夹持位置确定

MAG‐093N 气动风磨笔的总长为 135 mm,手柄可夹持部分的直径为 φ17 mm,长度为 56 mm。

机器人夹具采用两点夹持方式夹持风磨笔,夹持位置尽量靠近手柄可夹持部分的两端。

(2)夹紧方案确定

风磨笔手柄为圆柱体,常用的固定圆柱体的方法有以下几种:

① 用两个小半圆柱进行夹紧。半圆柱夹紧圆柱体时,两者的接触面积大,可以克服较大的旋转扭矩。

② 用两个 V 形块或者用一个 V 形块配合夹紧板进行夹紧。在圆柱的横截面上,两个 V 形块为四点夹紧,一个 V 形块配合夹紧板为三点夹紧。夹紧时,V 形块与圆柱之间为线接触,夹紧时圆柱的位置较为准确,但不能承受大的旋转扭矩。

③ 用胀套进行夹紧。这样能获得较好的夹持精度与夹持力,并可以克服较大的旋转扭矩。缺点是结构较为复杂。

综合分析上述方法,本项目采用两个半圆柱的方法对风磨笔进行夹持。

通过上固定块和下固定块夹持风磨笔手柄,固定块上的圆弧部分与手柄接触。上固定块和下固定块之间留有间歇,以便通过螺栓将风磨笔可靠夹持。

由于气动风磨笔使用的工具具有切削功能,所以风磨笔工作时不需要进行缓冲。

2)夹具结构原理

气动风磨笔夹具设计如图 11.7 所示。

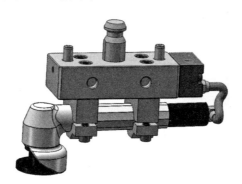

图 11.7 气动风磨笔夹具

机器人连接板上,安装有拉钉和两个定位销,拉钉用于夹持机器人夹具,通过两个定位销和机器人连接板上平面,对机器人夹具进行"一面两销"定位。

在机器人连接板右侧安装气连接块,用于将高压空气从机器人快换工具内引入气动风磨笔内。根据风磨笔进气孔的位置，在气连接块与风磨笔之间，采用外接气管的方法，气管接头安装在气连接块的右侧。

机器人连接板下方固定连接上固定块，下固定块通过螺栓与上固定块进行固定连接。上、下固定块均设计有半圆弧槽，风磨笔通过两组上、下固定块对打磨机手柄进行夹持。上、下固定块之间不相互接触，有一定间隙，以便将风磨笔手柄夹牢。

3）装配图的设计

为正确、完整、清晰地表达夹具的工作原理、各组成零件间的相互位置关系、连接方式和主要零件的结构形状，在设计时，一般要求绘制装配图，然后从装配图中拆画出每个零件图。

总体方案设计中，给出了气动风磨笔的相关尺寸和夹持风磨笔手柄的位置尺寸。在此基础上，需要确定上固定块与下固定块连接螺栓的规格、固定块宽度、气管连接接头型号，从而设计出夹具装配图。

上固定块与下固定块连接螺栓规格选用 M4 内六角螺栓，上固定块与机器人连接板连接螺栓规格选用 M4 内六角螺栓。

根据国家标准，M4 内六角螺栓的螺栓头直径为 $\phi 7$ mm，螺栓头高度 4 mm，如表 11.1 所示。据此确定螺栓头沉坑直径为 $\phi 8$ mm、深度为 4 mm。为保证固定块的强度，上、下固定块的宽度确定为 14 mm。

表 11.1　螺栓尺寸表

螺栓规格	螺栓头直径（mm）	螺栓头高度（mm）
M4	7	4
M5	8.5	5

上述关键尺寸确定后，绘制出及其他夹具的装配图，如图 11.8 所示。

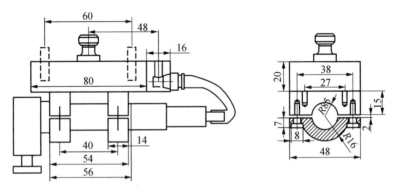

图 11.8　机器人夹具装配图

由装配图可以确定出上、下固定块的长度为 48 mm，上固定块的连接螺纹孔距为 27 mm，下固定块的连接螺纹孔距为 38 mm。

设计时，两个定位销之间的距离必须为 60 mm，与快换工具上的定位孔位置一致。气连接块上的进气口轴心线距离拉钉轴心线的距离必须为 48 mm，与快换工具上的出气口位置一致。

根据 MAG - 093N 风磨笔的使用要求，风磨笔连接高压空气的气管内径为 5 mm，故选用型号为 PU8 mm×5 mm 的高压软管,其内径为 5 mm,外径为 8 mm。根据这一要求,选用型号为 PC8 - 01 的气管接头,如图 11.9 所示。该接头可连接的气管外径为 8 mm,螺纹规格为 PT1/8。PT 是 pipe thread 的缩写,是 55°密封圆锥管螺纹,多用于欧洲及英联邦国家,常用于水及煤气管行业,国内称为 ZG,国标为 GB/T 7306—2000。故气连接块右侧的出气口为 PT1/8(ZG1/8)锥管螺纹。

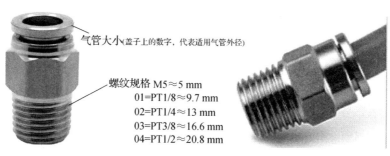

图 11.9 气管接头

2. 关键件设计

1) 气连接块的设计

气连接块安装于机器人连接板的右侧,长、宽、高尺寸分别取 30 mm、16 mm 和 20 mm。气连接块设计如图 11.10 所示。

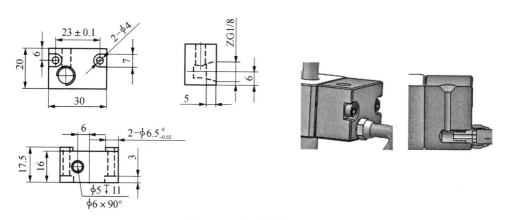

图 11.10 气连接块设计图

垂直方向的 φ5 mm 孔为进气孔,为保证风磨笔有足够的用气量,其直径设计为与气管内径大小一致,该孔的位置必须和快换工具的出气口位置一致,即气连接块与机器人连接板装配后,该孔轴心线距离拉钉轴心线的距离必须为 48 mm,偏离机器人连接板前后对称中心 6 mm。2 - φ4 mm 为 M3 螺栓通孔,沉头直径为 φ7 mm,沉头深度为 3 mm。为避免与气连接块侧面的 ZG1/8 螺纹孔干涉,2 - φ4 mm 螺栓通孔中心距离气连接块上平面的距离设计为 6 mm。ZG1/8 螺纹孔的轴心线距离底面 6 mm。

气连接块与机器人连接板的相对位置必须确定,且不能在使用过程中发生相对移动。为止,在气连接块与机器人连接板相配合的面上,设计 2 - φ6.5 mm 圆柱,其轴线线与 2 -

φ4 mm 为 M3 螺栓通孔同轴,与机器人连接板上对应位置的圆孔进行精确配合。气连接块与机器人连接板之间的定位理论依据是"一面两销",保证定位的精确、可靠。

2) 下固定块的设计

下固定块的壁厚设计为 7 mm。螺栓孔为 φ5 mm,沉孔直径为 φ8 mm,以便使用 M4 螺栓进行连接,考虑加工沉孔后壁厚不能太小,故沉孔深度设计为 3 mm,这样,虽然安装 M4 螺栓后,螺栓头部略高出下固定块表面,但因为螺栓头部不与任何零件产生干涉,设计是允许的。由装配图可知,下固定板的长度设计为 48 mm。根据螺栓规格表,M4 内六角螺栓头直径为 7 mm,故下固定板的宽度最小值为 7 mm,才能使用 M4 螺栓,此处将下固定板的宽度设计为 14 mm,保证设计件的强度。

圆弧 R8.5 mm 与风磨笔的外径一致,此部分与风磨笔的夹持部分相接触。为使上、下固定块可以对风磨笔进行可靠的夹持,R8.5 mm 的圆弧圆心高出平面 1 mm。

下固定板设计如图 11.11 所示。

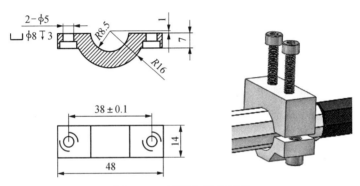

图 11.11　下固定板设计图

3) 机器人连接板的设计

根据夹具装配图,机器人连接板的长度为 80 mm,宽度与上、下固定板的长度相等,为 48 mm,高度为 20 mm。

机器人连接板中心位置的 M8 螺纹用于安装拉钉。拉钉两侧安装两个定位销,与快换工具进行配合,两个定位销与机器人连接板上平面形成"一面两销"的定位方式,保证机器人连接板与快换工具之间的精确的相对位置。定位销孔尺寸为 2 - φ6 mm,定位销与定位孔之间采用基孔制过盈配合,使定位销固定不动。两个定性位销孔之间的距离 60±0.02 mm,与快换工具上的定位孔距一致,并用公差限制孔距偏差。

4 - φ4 mm 为 M3 螺栓孔,用于连接上固定块。根据 M3 螺栓头尺寸,设计沉孔尺寸为 φ8 mm,深度取 5 mm,保证螺栓头低于机器人连接板上平面,使机器人连接板与快换工具之间不会由于螺栓头产生干涉。四个螺栓孔的位置尺寸 40 mm 与固定块之间的设计距离一致,位置尺寸 27 mm 与上固定块的螺纹孔尺寸距离一致,并用公差±0.1 mm 限制孔距偏差。

机器人连接板右侧 2 - M3 用于固定气连接块,其沉孔 φ6.5 mm 与气连接块上两个凸出的圆柱相配合,沉孔深度略大于凸出的圆柱长度,保证机器人连接板右侧面与气连接块左侧面能相互接触。两个沉坑之间的距离由公差±0.02 mm 限制孔距偏差,保证定位精度。

由于气动风磨笔使用的高压空气直接从其连接块通过外接气管进入风磨笔,所以,机器人连接板上不需要设计气流通道。机器人连接板设计如图 11.12 所示。

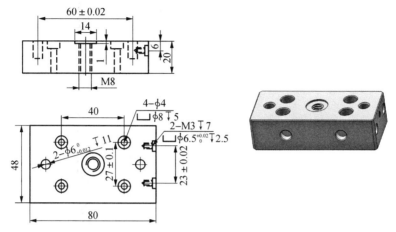

图 11.12 机器人连接板

3. 夹具实物

气动风磨笔夹具实物如图 11.13 所示。

图 11.13 气动风磨笔夹具实物

 思考与练习

1. 气动风磨笔有哪些功能?
2. 气动风磨笔的工作原理是什么?
3. 设计气动风磨笔机器人夹具时,夹持方案是怎样确定的?
4. 设计气动风磨笔机器人夹具时,为什么不需要采取减震措施?
5. 设计气动风磨笔机器人夹具时,机器人连接板上是否需要设计气流通道?

【微信扫码】
参考答案

项目 12　机器人夹具实训台气动控制原理图识读

学习目标

知识目标：

(1) 能识别电磁阀、压力检测开关、真空发生器等气动元件。

(2) 熟练掌握电磁阀的工作原理。

(3) 熟悉气动控制回路的绘制方法。

能力目标：

(1) 能查阅资料，选取气动元件。

(2) 能分析气动控制回路的功能。

(3) 能进行气动回路的绘制。

项目描述

在工业机器人夹具实训台，由机器人、夹具和工件架及控制系统组成。工业机器人夹具实训台如图 12.1 所示，其中的夹具和工件架如图 12.2 所示。其中，实训台使用压缩空气进行控制的有快换握爪和三爪手指、柔性手指、真空吸盘、海绵吸盘、气动打磨机、气动风磨笔等六个机器人快换夹具。

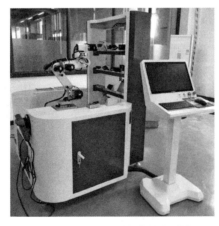

图 12.1　工业机器人夹具实训台

图 12.2　夹具及工件架

为了满足机器人对上述快换握爪和夹具的自动控制,设计了气动控制原理图,如图12.3所示。该气动控制原理图可以满足实训台上所有使用压缩空气进行控制的控制对象要求。试对该气动原理图进行分析。

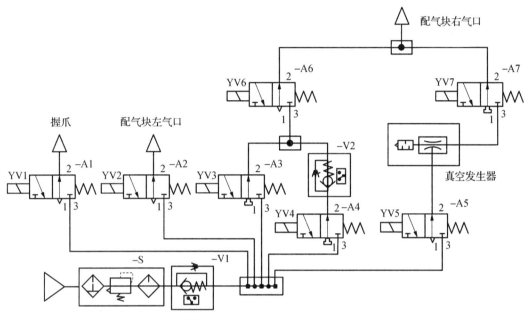

图 12.3　机器人气动控制原理图

 **工作任务**

根据气动原理图,分别对快换握爪和三爪手指、柔性手指、真空吸盘、海绵吸盘、气动打磨机、气动风磨笔等六个夹具的气动控制气路进行分析,写出控制原理。

 **项目引导**

1. 握爪的控制

(1)握爪夹紧和放松夹具的气动控制原理:＿＿＿＿＿＿＿＿＿＿＿＿＿

【微信扫码】
项目引导

＿＿

＿＿

＿＿＿＿＿＿＿＿＿＿＿＿＿＿＿＿＿＿＿＿＿＿＿＿＿＿＿＿＿＿＿＿＿＿＿＿＿＿。

(2)对于握爪的夹紧与放松控制,将采用单电控两位三通电磁阀进行控制。

① 画出控制原理图。

② 原理描述。

夹紧:＿＿＿＿＿＿＿＿＿＿＿＿＿＿＿＿＿＿＿＿＿＿＿＿＿＿＿＿＿＿＿＿＿＿＿＿＿

_____。

放松：_____

_____。

2. 三爪手指的控制

(1) 根据圆柱体工件气动夹具的结构，回答下列问题。

① 手指上腔的气路通道：_____

_____。

② 手指下腔的气路通道：_____

_____。

(2) 画出手指气动控制原理图。

3. 柔性手指的控制

(1) 由于柔性手指的强度限制，对通入其中的高压空气的压力有一定的限制。如果压力高于允许值，会产生什么结果：_____

_____。

(2) 在设计柔性手指气动控制原理图时，可以采取什么样的措施，保证通入柔性手指的压力低于允许的压力？

措施（用图和文字进行表达）：

4. 真空吸盘的控制

(1) 玻璃真空吸盘夹具中，真空从配气块的_____进入夹具。

A. 左出气口　　　　　　　　B. 右出气口

(2) 高压空气经过真空发生器产生真空，进入配气块的右出气口，画出其气路图。

5. 海绵吸盘的控制

(1) 纸箱海绵吸盘夹具中，高压空气从配气块的_____进入夹具。

A. 左出气口　　　　　　　　B. 右出气口

(2) 海绵吸盘内部结构中，_____真空发生器。

A. 已经安装　　　　　　　　B. 没有安装

6. 气动打磨机的控制

气动打磨机夹具中，高压空气从配气块的_____进入夹具。

A. 左出气口　　　　　　　　B. 右出气口

7. 气动风磨笔的控制

气动风磨笔夹具中，高压空气从配气块的_____进入夹具。

A. 左出气口　　　　　　　　B. 右出气口

8.气动原理图总结

识读气动原理图,填写下表(如果相应电磁阀得电,则在对应的空格内画上"十"号)。

电磁阀	握爪		三爪手指		柔性手指		真空吸盘		海绵吸盘		打磨机		风磨笔	
	夹紧	放松	夹紧	放松	夹紧	张开	吸吊	放松	吸吊	放松	工作	停止	工作	停止
YV1														
YV2														
YV3														
YV4														
YV5														
YV6														
YV7														

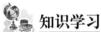 **知识学习**

本项目需要的基本知识有:
(1) 常用气动元件的功能、结构与工作原理。
(2) 电磁阀的功能、结构与工作原理。

职业素养

　　本项目给出的气动原理图,由多个气动元件构成。每一个单独的元件,都只能完成一个局部的功能,还必须有使其工作的条件。比如单向阀,可以使气流在一定的区域内单方向流通,但是当根本就没有气流通过时,此单向阀就起不到任何作用。所以,气路的功能,是若干个元件相互协调、共同完成的。

　　生活中,如果想要完成一个较为复杂的工作任务,必须由团队中各个成员的共同努力,凭借个人是不能完成的。要团队的每个成员都互相协作,彼此协调,才能成功地完成任务,取得成功。

 **项目实施**

项目 12 实施单

项目名称	机器人夹具实训台 气动控制原理图识读	姓名	
小组成员		小组分工	
资料	教材、网络资源、 其他气动控制教材	工具	电脑、CAD绘图软件

续　表

项目实施
1. 写出快换握爪的气动控制原理
2. 写出三爪手指的气动控制原理
3. 写出柔性手指的气动控制原理
4. 写出真空吸盘的气动控制原理
5. 写出海绵吸盘的气动控制原理
6. 写出气动打磨机的气动控制原理
7. 写出气动风磨笔的气动控制原理

图 12.3 所示是针对工业机器人夹具实训台所设计的一个综合性气动控制回路,其功能是用来控制快换握爪和三爪手指、柔性手指、真空吸盘、海绵吸盘、气动打磨机、气动风磨笔等六个使用气压的夹具。

高压空气由气动三元件(空气过滤器、减压阀、油雾器)将空压机出来的压缩空气进行压力调节,并进行空气净化、油雾处理后,到达压力调节阀,该阀调节的压力应不高于气动三元件中减压阀调节的气压。经过压力调节阀调节后的高压空气,经过分气块,分别通过气管,连接到各个电磁阀,最终控制握爪、配气块左、右两个气口。

1. 握爪的控制原理

握爪固定在机器人末端,用来夹紧和放松夹具。在结构上,每一个夹具上方,均安装有相同规格的拉钉,握爪通过内部的钢球夹紧和放松夹具。握爪上端有一个进气口,如图 12.4 所示。当高压空气从此处进入握爪内部时,钢球向外移动,从而离开拉钉的环槽,松开夹具;当高压空气消失时,钢球复位(向内移动),从而嵌入拉钉上的环槽内,夹紧夹具。握爪放松与夹紧夹具的原理如图 12.5 所示。

图 12.4　握爪进气口位置

图 12.5　握爪放松与夹紧夹具原理

根据上述原理,握爪夹紧和放松夹具,只需要接通或切断高压空气即可。握爪的气动控制回路如图 12.6 所示。

引入握爪的高压空气由单电控两位三通电磁阀 A1 进行控制。当电磁阀 A1 的线圈 YV1 失电时,握爪内的气路与大气相通,握爪处于夹紧状态。当电磁阀线圈 YV1 得电时,高压控制经过电磁阀 A1 进入握爪内,握爪处于放松状态,此时,可以将夹具放松、或允许夹

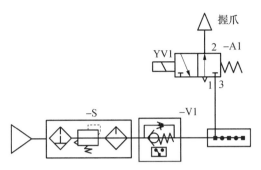

图 12.6 握爪气动控制回路

具的拉钉进入握爪内,等待夹紧夹具。

为保证高压空气的压力达到能使握爪放松的压力,气路中安装了一个带检测开关的压力调节阀 V1,调节和检测气路中气源的工作压力,检测信号供电气控制系统使用。S 为气动三联件,对气源进行水过滤、压力调节和油雾化。

2. 三爪手指的控制原理

气动三爪手指(即三指气缸)通过两个气口控制内部活塞的运动,从而达到三爪张开与闭合的目的。三爪手指的两个气口通过夹具右侧的气连接件与握爪右侧的配气块相通,如图 12.7 所示。

夹具右端安装气连接块内设计有两个气孔,和握爪配气块上的两个孔相通。根据三爪手指夹具的结构设计可知,配气块上的左气口与三爪手指活塞的上方相通,配气块上的右气口与三爪手指活塞的下方相通,如图 12.8 所示。当活塞上方进气、下方出气时,活塞下行,三爪张开;当活塞下方进气、上方出气时,活塞上行,三爪夹紧。

图 12.7 配气块与夹具气连接块

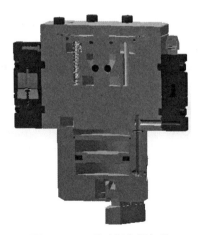

图 12.8 三爪手指内部气路

根据以上分析,在控制三爪手指时,需要采用双作用气缸的控制方法,即需要对握爪配气块的左气口和右气口进行协调控制,使一个进气时另一个出气。三爪手指的气动控制回路如图 12.9 所示。

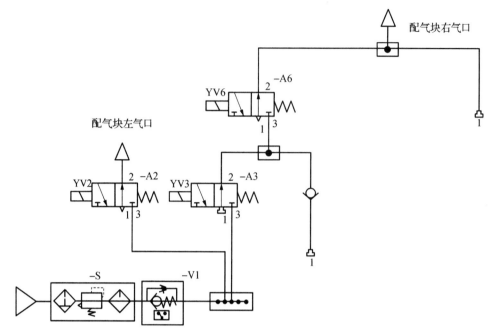

图 12.9　三爪手指控制气动回路

气动工作原理：

（1）三爪张开。当电磁阀 A2 的线圈 YV2 得电时，高压空气经过电磁阀 A2，进入配气块的左气口，到达三爪手指活塞上腔，产生压力。此时电磁阀 A6 的线圈 YV6 失电，配气块的右气口经过电磁阀 A6 与大气相通，使得活塞下腔内的空气可以排出，从而使活塞下行，三爪张开。

（2）三爪夹紧。当电磁阀 A3 的线圈 YV3 与电磁阀 A6 的线圈 YV6 同时得电时，高压空气经过两个电磁阀，进入配气块的右气口，到达三爪手指活塞下腔，产生压力。此时 YV2 失电，配气块的左气口经过电磁阀与大气相通，使得活塞上腔的空气可以排出，从而使活塞上行，三爪夹紧。

带传感器的气压调节阀 V2 内的单向阀截断了气体从分气块右侧漏出的气路，保证了高压空气的气压。

三爪张开和夹紧的控制方法如表 12.1 所示。

表 12.1　三爪手指张开和夹紧的控制方法

电磁阀	张开	夹紧
YV2	＋	－
YV3	－	＋
YV6	－	＋

如果仅仅考虑三爪手指的控制，图中对配气块右气口的控制，电磁阀 A3 和 A6 两个电磁阀中，应省去一个电磁阀。此处使用了两个电磁阀，是由于右侧柔性手指调压的需要。

3. 柔性手指的控制原理

柔性手指以其手指的柔性和变形量可以调节的特点,对不规则形状的物体抓取有其特出的优点。

柔性手指只有一个进气口,其控制较为简单。当向柔性手指内施加负压时,手指向外弯曲;当向柔性手指内施加正压时,手指向内弯曲,如图 12.10 所示。该手指用来夹持鼠标,故需要使用正压空气进行控制。

需要注意的是,当向柔性手指内施加正压时,应当根据柔性手指的变形和夹持情况,将进入手指的空气压力进行调节,已达到理想的夹持效果。另外,通入柔性手指的高压空气的压力需要限制在允许值范围内,如果气压过高,会使柔性手指产生破裂。为了限制手指内的气压,可以在气路中安装控制气压的气动元件,例如减压阀、气压调节阀等,保证通入柔性手指的压力低于允许的压力。

在夹具设计时,正压空气从配气块右气口进入柔性手指,如图 12.11 所示。

图 12.10 柔性手指弯曲方向

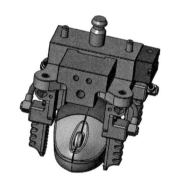

图 12.11 进气口位置

柔性手指的气动控制回路如图 12.12 所示。

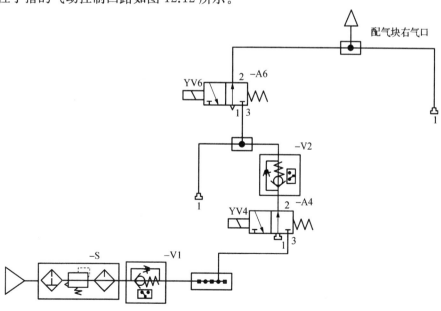

图 12.12 柔性手指气动控制回路

如图 12.12 所示,V2 为带压力传感器的气压调节阀,控制提供给柔性手指的气压在其额定的气压以下,保证柔性手指不会因气压过高而产生破裂。同时,根据柔性手指使用时手指的变形情调节此阀,以达到最佳的抓取效果,其压力传感器信号可供电气控制系统使用。

当电磁阀 A4 和 A6 的线圈 YV4 和 YV6 同时得电时,经过调压后的正压空气进入配气块的右气口,引入柔性手指,使手指弯曲,从而抓取物体。由于电磁阀 A3 的 1 号气口使用堵头堵住,截断了气体从分气块左侧漏出的气路;电磁阀 A7 的 1 号气口也被堵住,截断了气体从分气块右侧漏出的气路。

电磁阀线圈 YV6 失电时,配气块的右气口与大气相通,柔性手指内也与大气相通,手指恢复原始状态,放松物体。柔性手指的控制方法如表 12.2 所示。

表 12.2　柔性手指的控制方法

电磁阀	恢复原始状态	夹紧
YV4	－	＋
YV6	－	＋

4. 真空吸盘的控制原理

真空吸盘具有不伤工件、容易使用等特点,对表面光滑、柔性材料等物体的"抓取"具体独特的效果。真空吸盘在半导体元件组装、汽车组装、自动搬运机械、食品机械、医疗机械等许多方面得到了广泛的应用。

真空吸盘在使用时,需要在安装有吸盘的金具内施加负压(即真空),如图 12.13 所示。

在夹具设计时,各个真空吸盘通过外部气管连接到夹具气连接块的右边气孔,如图 12.14所示。所以,负压气孔需要从配气块的右气口进入真空吸盘。

图 12.13　吸盘金具

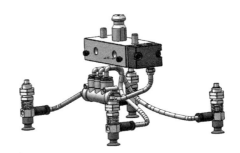

图 12.14　进气口位置

真空吸盘的气动控制回路如图 12.15 所示。

如图 12.15 所示,当电磁阀 A5 的线圈 YV5 得电时,正压空气进入真空发生器,产生的负压在电磁阀 YV7 得电的情况下,进入配气块的右气口,从而到达真空吸盘,使真空吸盘产生吸力。此时,电磁阀 A6 的线圈必须同时得电,从而截断从电磁阀 A6 的 1 号气口吸入空气、破坏负压的可能性(由于电磁阀 A3 和 A4 的 1 号气口均被堵住)。

当电磁阀 A6 的线圈 YV6 失电时,配气块的右气口与大气相通,真空吸盘内负压消失,吸力也随之消失。此时,不需要产生负压,即电磁阀 A5、A7 的线圈 YV5、YV7 均失电即可。

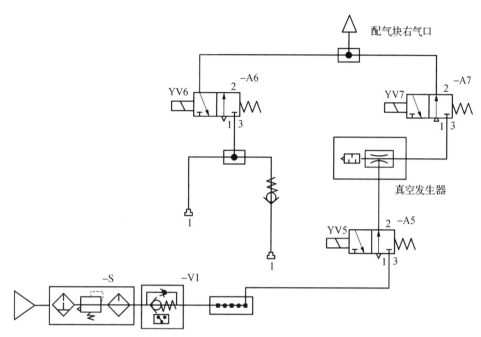

图 12.15　真空吸盘气动控制回路

真空吸盘夹紧的控制方法如表 12.3 所示。

表 12.3　真空吸盘吸、放的控制方法

电磁阀	放松	吸取
YV5	－	＋
YV6	－	＋
YV7	－	＋

5. 海绵吸盘的控制原理

海绵吸盘也是通过负压进行工作的。但是海绵吸盘内置了真空发生器。使用海绵吸盘时，只要从海绵吸盘的进气口输入高压空气即可。海绵吸盘如图 12.16 所示。

在夹具设计时，正压空气从配气块左气口进入海绵吸盘，如图 12.17 所示。

图 12.16　海绵吸盘

图 12.17　进气口位置

海绵吸盘的气动控制回路如图 12.18 所示。

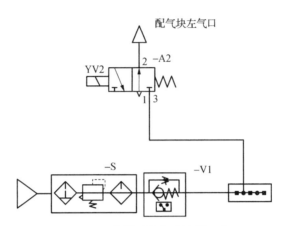

图 12.18　海绵吸盘气动控制回路

如图 12.18 所示，当电磁阀 A2 的线圈 YV2 得电时，正压空气进入配气块的左气口，引入海绵吸盘，由海绵吸盘内置的真空发生器生产负压，使海绵吸盘生产吸力。海绵吸盘的控制方法如表 12.4 所示。

表 12.4　海绵吸盘的控制方法

电磁阀	松开	吸取
YV2	－	＋

6. 气动打磨机的控制原理

气动打磨机是使用正压空气驱动气动马达而工作的。气动打磨机广泛适用于各种金属、木材、塑料、橡胶、石材等材料的研磨、打蜡、抛光等。

气动打磨机尾部设有正压空气进气口和空气出口，进气口输入高压空气，从出口排除。空气在气动打磨机内部的流动，使气动马达旋转。气动打磨机如图 12.19 所示。

在夹具设计时，正压空气从配气块左气口进入气动打磨机，如图 12.20 所示。

图 12.19　气动打磨机

图 12.20　夹具进气口位置

气动打磨机的气动控制回路如图 12.21 所示。

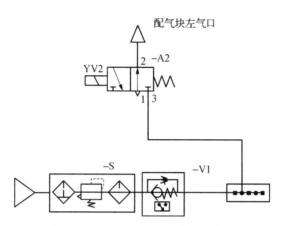

图 12.21 气动打磨机气动控制回路

如图 12.21 所示,当电磁阀 A2 的线圈 YV2 得电时,正压空气进入配气块的左气口,进入气动打磨机,使打磨机工作。气动打磨机的控制方法如表 12.5 所示。

表 12.5 气动打磨机的控制方法

电磁阀	停止	工作
YV2	−	+

7. 气动风磨笔的控制原理

气动风磨笔的工作原理是通过高压空气的强流气体冲击气动马达,实现转速达到 20 000 转/分钟的旋转输出。通过更换不同的砂轮磨头,对不同材质的对象进行精磨、抛光。

气动风磨笔的结构与气动打磨机相似,尾部有正压空气进气口和排气口。使用时,接入正压空气,排气口是为了使气流排入大气,不需要接任何气路。气动风磨笔如图 12.22 所示。

在夹具设计时,正压空气从配气块左气口进入气动风磨笔,如图 12.23 所示。

图 12.22 气动风磨笔

图 12.23 进气口位置

气动风磨笔的气动控制回路如图 12.24 所示。

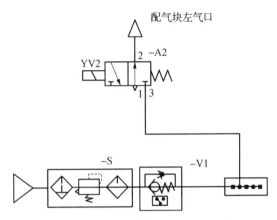

图 12.24　气动风磨笔气动控制回路

　　如图 12.24 所示，当电磁阀 A2 的线圈 YV2 得电时，正压空气进入配气块的左气口，进入气动风磨笔，使气动风磨笔生产旋转运行。

表 12.6　气动风磨笔的控制方法

电磁阀	停止	工作
YV2	－	＋

 思考与练习

　　1. 气动三爪手指的控制，为什么需要同时控制配气块的左、右两个气口？

　　2. 本项目气动控制回路中，真空吸盘需要的真空如何产生？

　　3. 海绵吸盘是通过负压进行工作的，但是为什么在控制回路中，引入海绵吸盘的气体不是负压的？

　　4. 本项目气路控制回路中，两个压力调节阀 V1 和 V2 的作用有什么区别？

　　5. 本项目气路控制回路中，为什么电磁阀 A7 的 1 号气口需要使用堵头将其堵住？

【微信扫码】
参考答案

参考文献

［1］李智明.电气控制与 PLC 及变频器技术应用［M］.大连:大连理工大学出版社,2022.

［2］孙斌.气动控制技术［M］.北京:中国铁道出版社,2019.

［3］于泓.机械制造工艺学［M］.西安:西北工业大学出版社,2021.

［4］陈爱华.机床夹具设计［M］.北京:机械工业出版社,2021.

［5］唐昌松,程琴.机械设计基础［M］.北京:机械工业出版社,2022.

［6］张润怀,徐桂岩.异步电动机及低压电气控制［M］.成都:电子科技大学出版社,2022.

［7］李建英,庄明华,陆建忠.气动与液压控制技术［M］.北京:清华大学出版社,2017.

［8］朴松昊,谭庆吉,汤承江等.工业机器人技术基础［M］.北京:中国铁道出版社,2018.